Josef Weizenbaum – Kurs auf den Eisberg

JOSEPH
WEIZENBAUM

kurs auf den eisberg

oder nur das Wunder wird uns retten, sagt der Computerexperte

pendo

Das vorliegende Gespräch hat pendo-Verleger Bernhard Moosbrugger während einiger Tage intensiven Zusammenseins mit Joseph Weizenbaum in Cambridge/USA auf Tonband aufgenommen. Die Abschrift wurde bei weiteren Treffen mit Joseph Weizenbaum in Wien und Paris ergänzt und korrigiert.
Die Zahlen in Klammern (2) verweisen auf ergänzende Informationen im Anhang aus bereits erschienenen Aufsätzen und Interviews von und mit Joseph Weizenbaum.

1.–5. Tausend Sept. 1984
6.–15. Tausend Okt. 1984

Typografie: Bernhard Moosbrugger
Satz: Fosaco AG, CH-8363 Bichelsee
Druck: Franz Spiegel Buch GmbH, Ulm

ISBN 3 85842 087 5

Joseph Weizenbaum wurde 1923 in Berlin von jüdischen Eltern geboren. Kurz nachdem die Hitlerregierung es ihm unmöglich machte, das Luisenstädtische Realgymnasium in Berlin weiter zu besuchen, emigrierte er mit seinen Eltern und seinem Bruder nach den USA. Dort besuchte er die staatliche Schule und fing sein Universitätsstudium (Hauptfach: Mathematik) an. Nach Amerikas Eintritt in den Zweiten Weltkrieg wurde er aber zur amerikanischen Luftwaffe eingezogen, wo er bis Kriegsende in der Wetterbeobachtung diente. Nach dem Krieg vollendete er sein Mathematikstudium an der Wayne University in Detroit, Michigan. Dort half er als wissenschaftlicher Assistent, einen Computer zu entwerfen, herzustellen und Programmierungssprachen dafür zu erfinden.

Seit seinen letzten Studienjahren hat Joseph Weizenbaum den Beruf eines Computerfachmanns nie mehr aufgegeben. Er arbeitete in der Industrie an der Herstellung des ersten Computerbanksystems, veröffentlichte Artikel in der wissenschaftlichen Fachliteratur und lehrte als Gastdozent an der Stanford University in Kalifornien. 1963 wurde er an das Massachusetts Institute of Technology (MIT) berufen. Er ist bis heute Professor of Computerscience an dieser Universität. 1977 wurde sein Buch «Die Macht der Computer und die Ohnmacht der Vernunft» vom Suhrkamp-Verlag in deutscher Sprache veröffentlicht.

Wie er zum politischen Aktivisten und zum Ketzer gegenüber seinem eigenen Fachgebiet wurde, wird in diesem Buch erzählt. Heute ist er Vorstandsmitglied des amerikanischen Zweigs des Internationalen Versöhnungsbundes wie auch Mitarbeiter manch anderer Friedensorganisationen. Er ist Mitgründer der «Computer Professionals for Social Responsibility» in den USA und in der BRD, des «Forum der Informatiker für Frieden und gesellschaftliche Verantwortung» (FIFF) und unterstützt auch sonst viele europäische Friedensinitiativen.

Cambridge, Massachusetts – August 1984

Berlin

Herr Professor Weizenbaum! Wie und weshalb sind Sie Computer-Fachmann geworden?

Geboren wurde ich 1923 in Berlin. Mein Vater war Kürschnermeister. Ich lege die Betonung auf 'Meister'; denn mein Vater war sehr stolz auf seinen Meisterbrief. Er besass einen Laden. Alles, was er verkaufte, war selbstgefertigt. Auch darauf war er stolz. Schulung hatte er kaum; ich glaube nicht, dass er ausser dem Gebetbuch und der Bibel je ein Buch las. Bestimmt war er kein Intellektueller; aber ein selbstbewusster Mann war er. Er war Jude, nicht besonders fromm, aber nicht ohne Glauben. Seine Kinder – meinen Bruder und mich – sandte er gewissenhaft zur Schule, wo man Hebräisch lernt und das Gesetz, d.h. die Thora, studiert. Meine Mutter war viel jünger als er. Sie war seine enge Mitarbeiterin im Geschäft.

An die Zeit, als ich fünf Jahre alt war, kann ich mich deutlich erinnern: da bin ich wahrscheinlich ein bewusster Mensch geworden. Als ich zehn Jahre alt war, 1933, war die ‹Machtergreifung›, und an die damaligen Strassenschlachten erinnere ich mich sehr genau. 1935 entschied mein Vater – und das war frühzeitig –, dass wir weg müssten aus Deutschland. Er hatte eine Schwester in Amerika, und das war schon eine Verbindung zu diesem Land. Wir verliessen Berlin und Deutschland noch im gleichen Jahr und zogen nach Detroit. Die Schwester meines Vaters half – moralisch ganz sicher, vielleicht aber auch finanziell –, und mein Vater konnte sich wieder als Kürschner etablieren.

Das sind rohe Daten, sozusagen. Ich möchte ihnen einiges beifügen, was sich meinem Gedächtnis tief eingeprägt hat aus jener Berliner Zeit: Da ist das Begräbnis Gustav Stresemanns, damals Aussenminister der Deutschen Republik. Es war im Jahre 1929. Ich war sechs Jahre alt, und von dieser Zeit an sehe ich vieles ganz deutlich vor mir.

Juden und Ostjuden – Rassismus

Wie ich den Faschismus erlebte und den Antisemitismus will ich erzählen, weil ich da etwas erfahren habe, was mich mein ganzes Leben nicht verlassen hat und mein Denken heute mitbestimmt.

Als die Nationalsozialisten die Macht übernahmen, wurden die jüdischen Kinder von den Gymnasien ausgeschlossen. Ich musste das Luisenstädtische Realgymnasium verlassen und kam in die jüdische Schule. Das war für mich bedeutsam, weil ich zum ersten Mal mit den ostjüdischen Kindern zusammentraf. Von den Ostjuden hatte ich bis dahin überhaupt nichts gewusst. Auch Jiddisch hörte ich da zum ersten Mal. Das war alles sehr interessant. Bald hatte ich auch einen ostjüdischen Freund, und so lernte ich das jüdische Getto kennen – das war in Berlin die Grenadierstrasse.

Was war das Wesentliche dieser Begegnung?

Es war etwas ganz Neues für mich: ich lernte den jüdischen Antisemitismus kennen. Ein richtiger Hass war das, vielleicht nicht so sehr der Ostjuden gegenüber den deutschen Juden, aber umgekehrt! Mich bewegte das sehr. Zum Beispiel hörte ich einmal zu, wie mein Vater mit seinen Freunden, die Deutschjuden waren, über seinen Entscheid auszuwandern sprach. "Ach", sagten diese, "das geht doch alles vorbei, diese Nazigeschichten! Und überdies richtet sich das doch nicht gegen uns Deutschjuden! Gegen die Ostjuden ist das nur, nicht gegen uns!"

Ich ahnte damals, dass das ein Haltung war, die fast einem Einverständnis mit den Nationalsozialisten gleich kam, einer Teilnahme fast an den Verfolgungen: "Mit diesen Ostjuden, mit denen haben doch wir nichts zu schaffen. Die haben das nicht anders verdient. Uns geht das nichts an!" Vom Übel als solchem, vom Verbrechen – darüber sprach man nicht; wichtig war nur, wen es traf. Und wenn es nicht sie selbst waren, ja dann ... Viel später hat Martin Niemöller ähnliche Gedanken angeprangert.

Mich erschreckte das jedenfalls zutiefst. Ich glaube, dass es diese Erfahrung war, und nicht die des faschistischen Antisemitismus, die mich auf Amerika vorbereitet hat, nämlich auf den Rassismus dort, und die mich sofort Partei ergreifen liess für die Schwarzen: schon als Junge von 13 Jahren weckten diese in mir das Mitgefühl.

Mathematik – Computertechnik

In Amerika lebten wir bald so normal wie die übrigen Amerikaner: ich ging zur Schule, lernte Englisch (das geht ja schnell, wenn man jung ist), und im Jahre 1941 kam ich auf die Universität. Ich entschied mich gleich für Mathematik. "Weshalb gerade für Mathematik?" könnte man fragen. Ich glaube, es spielten da zwei, vielleicht auch drei Gründe mit: Ein Grund war wahrscheinlich der, dass ich, als ich in Amerika auf die Schule kam, zuerst kein Englisch konnte; ich verstand davon wenig, aber Mathematik verstand ich, weil sie über eine internationale Sprache verfügt. Ein zweiter Grund konnte der sein, dass mir die Lehrerin, die Algebra-Unterricht erteilte, sehr gefiel! Ich liebte sie, wie eben ein Schüler eine Lehrerin lieben kann. Ganz entfernt, doch ganz echt. Ein dritter Grund wäre vielleicht der, dass ich seinerzeit in Berlin oft an der Humboldt-Universität vorbei kam und davon träumte, auch ich werde einmal da hinein gehen und studieren.

Eines ist gewiss: ich hatte schon früh eine Neigung zu technischen Dingen.

Es kam der 7. Dezember 1941. Amerika wurde in den Krieg verwickelt. Ich kam in die amerikanische Armee, und zwar als Meteorologe. Das dauerte vier Jahre; nicht, dass es verlorene Jahre gewesen wären; aber ich weiss nichts darüber zu sagen. Nach dem Krieg kehrte ich auf die Universität zurück, wo mein Mathematik-Studium nun eigentlich erst so richtig anfing. Nach dem Studium wurde ich Assistent eines Professors an der Wayne University in Detroit. Dieser Professor war ein bisschen verrückt; ich fand das damals schon, und ich finde es noch heute. Nun hatte der Professor die Idee, dass die Universität – es war die Stadt-Universität von Detroit – ein Rechenzentrum haben müsse. Das war etwa 1947 oder 1948, sehr früh auf jeden Fall. Zu jener Zeit war es etwas ganz Unmögliches für eine Universität, dazu noch eine nicht reiche, ein Rechenzentrum zu haben. Die wenigen Computer, die es damals schon gab, waren nicht nur sehr gross, sondern auch sehr kostspielig. Zudem gab es da Wartezeiten von vielen Jahren. Es blieb also nichts anderes übrig, als selbst einen Computer zu bauen (eine Sitte, die später in den amerikanischen Universitäten grosse Verbreitung fand)! Für mich war das ein Glücksfall: ich war von Anfang an dabei, es waren nur wenige Mitwirkende, alles musste selbst gemacht werden, vom Entwurf über die Architektur, sozusagen, bis zur Sprache, die eingebaut werden sollte: von Grund auf konnte ich das alles erlernen. Und so bin ich halt, ganz ohne Absicht, von der reinen Mathematik weggekommen; ich wurde sozusagen 'verführt'.

Natürlich war das damals eine Chance, vom Computerwesen etwas zu verstehen. Der Kreis war, besonders in Amerika, noch sehr klein, und wenn irgendwo ein Projekt geplant wurde, konnte man sich einfach melden, und so meldete ich mich auch gleich, als ich von einem

Job in Kalifornien hörte, wo ein – für die damalige Zeit – sehr schneller Computer bedient werden sollte. Der Computer, den wir für die Universität in Detroit gebaut hatten, funktionierte wohl, aber ganz langsam. Der Speicher war eine magnetische Trommel, 800 Computer-Wörter gross (4 Bytes auf ein Wort, das sind 800 × 4 = 3200 Bytes). Um irgendeinen Befehl auf dieser Trommel zu finden, dauerte es 17 Millisekunden. 20 Millisekunden wären ein Fünfzigstel einer Sekunde: das ist ein sehr langsamer Computer. Es gibt heute Taschen-Computer, die tausendmal so schnell sind.

Sie haben am Bau eines Computers selbst mitgewirkt. Sind die heutigen Studenten nur theoretisch mit diesem Gerät vertraut?

Es kommt auf die Universität an. An manchen Universitäten lernt man das Gerät von Grund auf kennen. In einem gewissen Sinne ist das ganz einfach. Ein Student kann heute fast ohne Hilfe einen Mikro-Computer bauen. Die Bestandteile sind billig. Wo ich lehre, am Massachusetts Institute of Technology (MIT), kann ein Student, wenn er sich interessiert, theoretisch und praktisch beliebig viel darüber lernen. Zu meiner Zeit war das nicht möglich, weil es nur sehr wenige Computer überhaupt gab.

Der Computer in Kalifornien hatte einen Speicher aus Quecksilber. (Die heutigen Studenten können das kaum glauben.) Dieser Speicher war viel schneller als die Trommel;

aber für die heutigen Verhältnisse wäre auch er sehr langsam. Ich glaube, es waren 4 Mikrosekunden, also 4 Millionstel, für jedes Bit und vielleicht 36 Bits für ein Wort. Ich muss beifügen, dass dieser Computer praktisch gar nicht brauchbar war; er war einfach zu empfindlich. Aber das war damals oft so.

Ueber eine lange Zeit war ich nun sozusagen ein wandernder Geselle und wurde auf diese Weise zu einem Eingeweihten des Computerwesens.

Was mich sehr interessierte, waren Computer-Sprachen. Ich hatte darüber einiges veröffentlicht und wurde auf Grund dessen im Sommer 1963 als Gastprofessor ans MIT eingeladen. Die Einladung galt für ein Jahr, und als sie abgelaufen war, wurde ich gefragt, ob ich bleiben wolle. Jetzt sind es 21 Jahre, dass ich dort lehre.

Eliza

Obwohl ich ungern darüber spreche – es geht mir dabei so wie dem armen Ravel mit seinem Bolero: sagt man Ravel, denkt jeder Bolero, und damit hat es sich –, muss ich ein paar Worte über mein Programm Eliza verlieren: 1963 hatten wir am MIT etwas entwickelt, was man heute *time-sharing* nennt. Darunter versteht man, dass ein Computer gleichzeitig von mehreren Personen bedient werden kann. Anstatt – wie damals allgemein üblich – Programme auf Lochkarten zu speichern, diese in den Computer einzugeben, auf den

Knopf zu drücken und zu warten, bis die Daten rauskommen, konnte man sich mittels einer mit dem Computer verbundenen Schreibmaschine sozusagen nach Unterhaltungsmodus direkt an den Computer wenden und ein 'Gespräch' mit ihm führen. Dazu mussten nun Programme entworfen werden, die auf die übermittelten Fragen und Botschaften auch Antwort gaben. Mein Beitrag war dieses 'berüchtigte' Programm Eliza.

Ich werde oft gefragt, weshalb in meinem Programm ausgerechnet ein Psychiater nachgeahmt werde. Ich hatte ganz einfach erkannt, dass ein Gesprächspartner – auch wenn es ein simulierter Gesprächspartner ist, wie beim Computer – immer etwas von dem verstehen muss, worüber gesprochen werden soll. Wie bringt man nun aber einem Computer-Gesprächspartner Verstehen und Wissen bei? Es schien mir lange Zeit fast unmöglich, die Aufgabe, die ich mir da gestellt hatte, zu lösen. (Ich fragte mich schon beinahe, ob man nicht auch einen Gesprächspartner haben könne, der nichts versteht!) Da kam mir der Psychiater in den Sinn, weil der doch eine Technik hat, den Patienten zum Sprechen zu bringen, indem er ihm, wie man sagen könnte, dumme Fragen stellt, in denen meist etwas wiederholt wird, was der Patient gesagt hat. Wenn der Patient z.B. etwas über Segeln sagt, fragt der Therapeut: "Wie ist das mit dem Segeln? Erzählen Sie mir mehr darüber!" Dieser Wiederholungen wegen war der Psychotherapeut für mein Programm als Muster geeignet. Leider wurde mein Experiment dann missverstanden, und zwar, was das Schlimmste ist, von den Psychotherapeuten selbst! Sie dachten tatsächlich, ich hätte eine Therapiemaschine gebaut. Dabei weiss man doch, dass der Therapeut in unserm Beispiel nicht über das Segeln, sondern über den Patienten etwas lernen will.

Man nennt Sie einen Dissidenten. Weshalb?

Ich bin ein Dissident, und ich bin ein Ketzer.

Aber das waren Sie nicht von Beginn an.

Vor meiner Wandlung – wenn es überhaupt eine richtige Wandlung war – habe ich mit Lust und Eifer das Feld der Computerwissenschaft bebaut. Nicht etwa deshalb, weil es besonders einträglich gewesen wäre. Mitnichten. Wenn man so mit Leidenschaft arbeitet, ist der Grund immer der, dass die Arbeit Vergnügen macht: etwa so wie Rätsel-Lösen. Robert Oppenheimer wurde einmal gefragt, warum er und seine Leute mit solchem Enthusiasmus an etwas wie der Atombombe haben arbeiten können. *It was sweet science,* sagte er und meinte damit, dass die Wissenschaft einfach gut 'schmecke'.

Mir ging es ebenso wie Robert Oppenheimer, auch wenn ich mich sonst nicht mit ihm vergleichen kann. Auch meine Kollegen sind nicht besonders geldgierig, und sie freuen sich nicht, wenn neue Waffen hergestellt werden, zu denen sie einen Beitrag liefern durften! Es macht Spass zu arbeiten, und wenn etwas gelingt, wird man von seinen Leuten anerkannt, oder man wird für ein Jahr ans MIT eingeladen und dann gebeten, am MIT zu bleiben usw. Auch das alles ist angenehm und löst Befriedigung aus.

Computer-Pioniere

Könnte man sagen, Sie seien bei den Anfängen der Computerentwicklung dabei gewesen?

Nein, ich bin kein Pionier. Ich werde oft als solcher vorgestellt; aber das stimmt nicht; ich kam ziemlich spät dazu.

Die Erfindung des Computers ist, was man einen Simultanfall nennt, d.h. dass der Computer an zwei oder drei verschiedenen Orten gleichzeitig erfunden wurde. Das ist ein bekanntes Phänomen in der Technik und Wissenschaft. In Amerika gibt es zwei Pioniere: der eine hiess Eckert, der andere Mauchly. Als Dritten könnte man noch Aiken nennen, einen Professor der Harvard Universität.

Eckert und Mauchly haben als erste einen Computer in Amerika hergestellt, und zwar in Philadelphia. Er war für die Armee bestimmt und hatte die Aufgabe, ballistische Tabellen *(ballistic number tables)* herzustellen, d.h. die Flugbahn von Geschossen zu errechnen. Der Computer wurde also ganz eigentlich für militärische Zwecke entwickelt! Es gab vorerst gar keine anderen Anwendungsmöglichkeiten. Das war so um das Jahr 1942.

In Deutschland gab es auch einen Pionier: Konrad Zuse. Er hatte schon damit angefangen, Computer herzustellen; aber es gelang ihm nicht, die militärischen Behörden davon zu überzeugen, dass der Computer im Krieg eine wichtige Funktion erfüllen könnte. Er wurde deshalb von der Regierung kaum unterstützt. Wenn ich 'Regierung' sage, dann war das damals natürlich eine Kriegsregierung.

In England gab es mehrere Erfinder. Einer davon war Alan Turing. Seine mathematischen Ideen werden auch heute noch als grundlegend anerkannt. Die Arbeit, die er und andere während des Krieges in England geleistet haben, war bis vor kurzem geheim. Es war die Enigma-Maschine, ein Computer, mit Hilfe dessen von 1939 an, bestimmt aber seit 1940, alle Meldungen aus Berlin oder von Kommandanten anderswo entschlüsselt werden konnten. So blieben die deutschen 'Geheimnachrichten' in England nicht geheim, und das hat entscheidend dazu beigetragen, dass *dieser* Krieg gewonnen werden konnte: Churchill war über die deutschen Kriegspläne meist gut unterrichtet. Für einmal hatte der Computer im Kampf gegen die Verbrechen des Naziregimes gewiss Sinn und Zweck.

Computer und Militär

All diese Entwicklungen geschahen in den verschiedenen Ländern ganz unabhängig voneinander. Amerika war dann nach dem Krieg das einzige Land, das die Energie und das Geld hatte, die Computerforschung weiterzutreiben. Von Anfang an wurde auch dieser Zweig hier vom Militär gefördert. Die finanzielle Unterstützung kam zuerst vom *War Department,* also dem Kriegsdepartement, und später kam sie vom *Defense Department,* also dem Verteidigungsdepartement. Das Amt ist dasselbe, aber der Name hat gewechselt – die Orwellsche Sprachregelung hat da ein bisschen mitgewirkt!

Sei es, wie es sei, auch wenn ein Teil der Computerforschung heute von der Industrie unterstützt wird, so ist der weitaus grössere Teil doch noch immer vom Militär finanziert. Da ist z.B. im Dezember 1983 in der Zeitschrift 'Science', einer amerikanischen wissenschaftlichen Zeitschrift, ein Artikel erschienen, der die Ueberschrift trägt: *The Pentagon's Ambitious Computer Plan,* also: "Die ehrgeizigen Computerprojekte des Pentagons". Und als Untertitel heisst es da: *It wants to spend 600 million dollars on artificial intelligence for smarter weapon systems,* also: "Es sollen 600 Millionen Dollar für künstliche Intelligenz, d.h. für klügere Waffen ausgegeben werden".

Sind wir schon soweit, dass man von 'klugen' Waffen spricht?

Wir sind soweit. Angeblich leben wir doch heute im Zeitalter der künstlichen Intelligenz. Also kann es auch kluge Waffen geben.

Nun, die Entwicklungen im Computerbereich werden vom Militär nicht nur unterstützt, sondern auch angewandt. Die *cruise missiles* z.B. steuern sich nicht nur selbst, das Steuergerät ist überdies noch mit einer Landkarte verbunden und mit einer Instanz, die prüft, ob die Gegend, über die da geflogen wird, mit der geplanten Route auch übereinstimme: der Computer kann hier nicht nur sehen, er kann das Gesehene auch noch mit der Landkarte vergleichen.

Verantwortung der Wissenchschaftler

Ich weiss nun nicht, ob die Wissenschaftler, die das entwickelt haben, glauben, sie hätten bloss dem Computer das Sehen beigebracht. Ich weiss auch nicht, ob sie bei der Arbeit daran der festen Ueberzeugung waren, sie dienten hier nur allein der Wissenschaft und diese Entwicklung sei ein Beitrag zur Erforschung des Sehens schlechthin. Mit Einwänden wie, dass hier dem Tod gedient werde, ist meist wenig auszurichten. "Es kann zum Guten wie zum Bösen genutzt werden", sagen sie; "wir sind es nicht, die darüber entscheiden."

Können die Wissenschaftler für ihre Erfindungen zur Verantwortung gezogen werden? Ist der Begriff der Neutralität der Wissenschaft sinnvoll?

Der Glaube an diese Neutralität sitzt tief. Man versteht, dass er tief sitzt, weil er ja auch davon befreit, das Für und Wider erwägen zu müssen. “Ich bin doch bloss Wissenschaftler. Was geht es mich an, wie meine Forschungsresultate genutzt werden!”

Wie kann man einer solchen Aussage begegnen? Sie beinhaltet nämlich noch ein weiteres: “Nicht nur kann und muss ich nicht wissen, wie meine Forschungsergebnisse genutzt werden; ich kann und muss auch nicht wissen, welche Nebenwirkungen da noch in Erscheinung treten können und was für einen Verlauf die Weiterentwicklungen nehmen könnten!” Nun hat es aber nie einen Forschungszweig gegeben, der sich ganz unabhängig von historischen Gegebenheiten entwickelt hätte. Mit geschichtlicher Gegebenheit meine ich Zusammenhänge wie beispielsweise den folgenden: Wenn in Amerika der Hubschrauber erfunden wird, weiss man sogleich, dass die Armee den Hubschrauber als ein Gerät erkennen wird, von dem aus geschossen werden kann. Wir leben doch in einer Gesellschaft – ich spreche von der amerikanischen Gesellschaft unserer Zeit –, wo einfach alles, was entwickelt wird und sich dafür eignet, militärisch genutzt wird. Wenn man nun vom Hubschrauber ausschliesslich als Rettungsgerät spricht, sieht man bewusst davon ab, dass der tatsächliche Gebrauch fast überall in der Welt ein ganz anderer ist. In der Tat wird der Hubschrauber von den Grossmächten, besonders in der Dritten Welt, als Werkzeug des Massenmordes eingesetzt.

So betrachtet sind fast alle Erfindungen dieses Jahrhunderts – das gilt für Amerika wie auch für die Sowjetunion – Werkzeuge des Todes. Auch der Computer macht da keine Ausnahme. Dennoch sind die meisten meiner Kollegen am MIT und die meisten auch der Studenten der Überzeugung, sie arbeiteten rein wissenschaftlich und ihre Arbeit habe nichts mit der gegenwärtigen politischen Situation zu tun. Wenn ich 'politische Situation' sage, ist das natürlich Schönrednerei; denn wir sind doch in der grössten Gefahr, dass unsere Welt das Jahr 2000 nicht erlebt!

Viele bestreiten das.

Viele bestreiten es zwar; darunter sehr viele Wissenschaftler! Sie bestreiten auch, dass man als Wissenschaftler voraussehen könne, wohin eine Arbeit führt. Ist da ein Instrument entstanden, das den Massenmord zum Ziel hat – schnell decken sie die aufkeimenden Bedenken mit dem Mantel der Wissenschaft zu: rein wissenschaftlich sei ihr Beitrag; von Zweck und Ziel verstünden sie nichts.

Wie ist das nun? Soll man die Wissenschaft einfach stillegen, abschalten sozusagen, wie ein Rundfunkgerät? Das geht nicht, denn da ist niemand, der die Macht hätte zu sagen: "Aus, wir schalten ab!" Soll man das Denken verbieten, weil es menschenfeindlich ist? Unmöglich! (Obwohl ich zugebe, dass man das wissenschaftliche Denken unserer Zeit fast als menschenfeindlich bezeichnen muss.) Sollen alle meine Kollegen am MIT und auch ich sofort entlassen werden?

Was man verlangen kann, ist dies: Man muss die konkreten historischen und sozialen Gegebenheiten erkennen! Ein Wissenschaftler kann das, muss das können!

Ich möchte in diesem Zusammenhang auf die Rede verweisen, die der Papst am 12. November 1983 vor Wissenschaftlern gehalten hat. Er sagt darin, dass man sich weigern müsse, in diesen Fabriken und Laboratorien des Todes zu arbeiten. Also dort, wo man mit Sicherheit weiss, dass man an Werkzeugen mitarbeitet, die der Vernichtung dienen, soll man sich weigern. An meiner Universität hätte das schon beachtliche Folgen, da die Mittel für einen Grossteil der Forschung – im Ingenieurwesen auf jeden Fall – direkt vom amerikanischen Militär kommen.

Das heisst konkret, dass dieses auch etwas dafür haben will?

Gewiss will das Militär etwas dafür haben.

Fast jeder Wissenschaftler am MIT wird nun aber sagen: "Ich weiss, dass das Geld für meine Arbeit hier vom Militär kommt; aber das Militär sagt mir nicht, was ich zu machen habe. Ich bin da ganz frei. Ich kann tun und lassen, was ich will. Ich werde vom Militär unterstützt; aber ich werde nicht militärischer Zwecke wegen unterstützt. Natürlich weiss das Militär, und weiss die Regierung, dass wissenschaftliche Einrichtungen wichtig sind; aber was ich da im einzelnen mache, das interessiert sie nicht, da bin ich frei."

Imperialismus der instrumentalen Vernunft

Nun könnte es ja sein, dass man wirklich frei ist, wenn man glaubt, man sei frei. Es könnte sein; aber was diese Wissenschaftler bestimmt nicht sehen ist, dass hierbei eine Art Selbstzensur stattfindet: Bevor man zum Militär geht und um Mittel für seine Forschungsarbeit nachsucht, denkt man sich, dass man für diese oder jene schöne Idee kein Geld bekomme, weil sie ja militärisch nicht von Nutzen sei. Nun lässt man die schöne Idee fallen und schlägt etwas vor, was auch das Militär interessieren kann. Das ist Selbstzensur. Vielleicht ist es sogar unbewusste Selbstzensur, und das dünkte mich dann noch bei weitem schlimmer; denn wenn etwas so tief ins Unterbewusstsein hinuntergesunken ist, dass man davon keine Ahnung mehr hat, kann man es auch nur schwer wieder heraufholen.

Viele sagen auch – man hat das in Deutschland seinerzeit oft gehört –: "Wenn *ich* aufhöre, wenn *ich* einsehe, dass ich mit meiner Forschung nur dem Militär diene und letzlich sogar meine eigenen Kinder damit töte, dann macht es doch nur ein anderer!" Moralisch ist sie nicht, diese Haltung des 'Wenn ich's nicht mache, macht's ein anderer' – eine gute Handhabe für jedes Verbrechen! Oder man kann auch hören: "Wenn *ich* verzichte, wieviel spürt die Welt davon! Ein Tropfen im Meer! Was hat das für einen Zweck?"

Ich betrachte das als eine Haltung, die ich unter den Begriff 'Imperialismus der instrumentalen Vernunft' fasse. Er besagt, dass

irgendeine Idee, irgendein Vorschlag, der nicht instrumental ist, sofort abgewiesen wird: alles muss einem Zweck dienen (auch die Vernunft ist nur Mittel zum Zweck). Dass es eine Haltung geben könne, die ihren Grund in sich hat, und dass man Nein sagen könne, ohne das Nein begründen oder einen Zweck überhaupt nennen zu wollen, gilt als ausgeschlossen. Dass man z.B. Nein sagt und als Grund angibt, man sei so erzogen worden, dass man bei dieser oder jener Frage einfach Nein sagen müsse – das verstehen heute wenig Menschen.
Ich will das noch auf Englisch sagen, weil es mich sehr wichtig dünkt:
We were speaking of the imperialism of instrumental reason and the idea that one sometimes refuses to do something for its own sake, for the sake of the refusal, quite independent of whether it serves some particular purpose or some ideology or whatever. That's the important point here.

Wie ich schon erwähnte, hat der Papst in seiner Rede an die Wissenschaftler etwas Ähnliches gesagt. Die Rede wurde am 13. November 1983 in *The New York Times* abgedruckt. Ich lese dort:

"Indem sie sich gewissen Forschungsgebieten verweigern, deren todbringende Absichten unter den konkreten historischen Umständen unmissverständlich sind, sollten die Wissenschaftler der ganzen Welt in einer gemeinsamen Bereitschaft vereint sein, die Wissenschaft zu entwaffnen und eine providentielle Kraft für den Frieden zu bilden."

Weiter oben sagt er auch: "... damit die Todeslaboratorien und Todesfabriken durch Lebenslaboratorien ersetzt werden können" (... Lebenslaboratorien Platz machen können).

Und er fährt fort: "Es genügt nicht, dass der politische Kolonialismus aufgehört hat, der wissenschaftliche und technologische Kolonialismus muss auch aufhören."

Und weiter unten: "Es ist die unverrückbare Pflicht der wissenschaftlichen Gemeinschaft, Gewähr dafür zu bieten, dass die gemachten Entdeckungen nicht in den Dienst des Krieges, der Tyrannei und des Schreckens gestellt werden."

So hat der Papst gesprochen, und er hat damit gesagt, dass man diese konkreten historischen Umstände erkennen und also sehen könne, ob das, was man macht, zum Guten oder Bösen sei.

Glauben Sie, dass Wissenschaftler streiken oder etwas in dieser Richtung unternehmen sollten?

Das Wort 'Streik' gefällt mir hier nicht. Vielleicht hat es damit zu tun, dass Streikende immer Bedingungen stellen: "Wir machen so nicht mehr weiter; aber wenn ihr unseren Wünschen hier und dort nachkommt, dann machen wir weiter!" Also 'Streik' würde ich nicht brauchen; im Englischen wäre das Wort *refusal* das richtige: Ablehnung, Verweigerung.

Die Wissenschaftler sollten sagen: "Wir lehnen es ab, an Werkzeugen mitzuarbeiten, die der Massenvernichtung dienen und letztlich auch uns und unsere Kinder töten! Wir lehnen das einfach ab." So wäre es richtig.

Es gibt gewiss Technologien, von denen man nicht eindeutig sagen kann, dass sie an Mordwerkzeugen beteiligt seien. Müsste man da eine Art Richtlinien aufstellen für direkte und indirekte Beteiligung? Ethische Richtlinien vielleicht?

Ja, aber wo zieht man die Linie? Sollen nur die ablehnen, die direkt mitmachen, oder auch die, die indirekt mitmachen? Und wo ist die Grenze zwischen direkt und indirekt? Wobei das Bedürfnis nach einer solchen Grenzlinie es schon in sich hat, dass man dem Eigentlichen ausweichen möchte.

Stellen wir uns einmal vor, dass wir eine Grenze ziehen müssten zwischen Tag und Nacht. Da könnte man sagen: "Bei Sonnenuntergang ist der Tag vorüber und die Nacht beginnt." Oder: "Wenn es draussen dunkel ist, zu dunkel zum Lesen." Oder: "Wenn meine Kinder einschlafen." Oder einfach: "Um 8 Uhr abends fängt die Nacht an, und um 6 Uhr beginnt der Tag." – Das ist doch alles willkürlich. Man kann doch gar nicht sagen, wann genau die Nacht aufhört und der Tag beginnt. Also kann die Grenze gar nicht gezogen werden! Wir wissen aber, dass um 12 Uhr nachts, um Mitternacht, dass es dann Nacht ist, und um 12 Uhr tags, am Mittag, dass es dann Tag ist. Das wissen wir bestimmt.

So ist es auch mit unserer Frage: die Techniker und Wissenschaftler, die ganz direkt an Waffensystemen arbeiten oder an Systemen, mit denen Waffen gesteuert werden, die wissen, was sie tun, und die sollten auch den Anfang machen.

Und jetzt käme die Frage: Wann fängt die Nacht, wann der Tag an?

So hilflos, wie es scheint, sind wir nun auch nicht: Wir ermangeln z.B. nicht der Beweise, dass fast alle Hochtechnik wie Laser, Computer usw. in den letzten 50 Jahren der Entwicklung von Instrumenten gedient hat, die man als massenmörderisch bezeichnen muss. Das weiss man heute, und all die Techniker und Forscher, deren Arbeit direkt vom Militär bezahlt wird, können sich unschwer Gedanken darüber machen, wie ihr Beitrag genutzt werden könnte und auch wird.

Auch die sollten sich weigern!

Die Weigerungen würden eine moralische Atmosphäre schaffen, die ermutigend wäre; sie würden Beispiele und Vorbilder geben, denen man nachstreben könnte. An Vorbildern fehlt es heute.

Betrachten Sie die Wissenschaftler als besonders ausersehen dazu? Vielleicht auch, weil sie Mitverursacher sind?

Nicht nur deshalb. Ich möchte auch nicht etwas aussprechen, was für alle Zeiten und alle Welt Gültigkeit beanspruchen kann. Nur von der *heutigen* Situation spreche ich, der konkreten historischen Situation heutzutage, die man erkennen kann und muss. Der amerikanische Wissenschaftler hat meiner Meinung nach eine besondere Verpflichtung. Von Wissenschaftlern anderswo möchte ich nicht sprechen. Zur Illustration erzähle ich eine Geschichte:

Zwei Männer spazieren am Ufer eines Flusses. Da sehen sie im Wasser ein Kind dem Ertrinken nahe. Einer der Männer ist des Schwimmens unkundig, der andere ein guter Schwimmer. Wer soll das Kind retten? – Der, der schwimmen kann, natürlich. Und er ist es auch, der die Verantwortung auf sich nehmen muss.

Ihn würde man anklagen, wäre das Kind ertrunken. Er kann doch schwimmen und hätte es ohne Gefahr für sich selbst aus dem Wasser holen können!

So dünkt es mich auch mit der Verantwortung der Akademiker in Amerika, vor allem derjenigen, die an Hochschulen lehren. Ihre Stellung ist gesellschaftlich und wirtschaftlich so wenig gefährdet, dass sie es wagen müssten, politische Wahrheiten auszusprechen, auch wenn diese ihre eigene Arbeit nicht direkt berühren. Gewiss ist auch ihre Sicherheit nicht absolut, aber mit der eines Arbeiters in einer Fabrik oder eines Angestellten lässt sie sich doch überhaupt nicht vergleichen. So sind also wir es, wir an den Hochschulen, die laut klagen sollten, wenn der Präsident die Menschenrechte von irgend jemandem verletzt. Unser Rang und unsere höhere Sicherheit verpflichten uns einfach dazu. Es sind uns doch auch die nötigen Fähigkeiten zuzutrauen, z.B. solche des Erkennens und Formulierens. Wir sind noch dazu in der Lage, von vielen gleichzeitig gehört zu werden. Oder wir haben eine Klasse von Studenten, die wir täglich sehen. Wenn wir etwas schreiben, wird es von vielen gelesen usw. Der Möglichkeiten sind viele, und unsere Verantwortung ist deshalb besonders gross. In diesem Zusammenhang kommt mir eine englische Redeweise in den Sinn: *Whatever else the function of hospitals is, they ought not to spread disease,* d.h. "Welches auch immer die Funktion von Krankenhäusern ist, Krankenhäuser sollten nicht Krankheiten verbreiten." Auf die akademischen Berufe übertragen hiesse das: Was immer für Aufgaben sie sonst noch haben, Akademiker sollten nicht Lügen verbreiten. Ob der Kaiser Kleider hat oder nicht . . ., was sie tatsächlich glauben und was sie nicht glauben, das sollten sie ganz klar aussprechen und hierin den jungen Menschen, die ihnen zuhören, ein Vorbild sein.

Ist damit die Frage der Verantwortung des Wissenschaftlers beantwortet?

Wir haben dieses Thema nur erst leicht berührt. Eigentlich habe ich bis jetzt nur vom Hochschullehrer gesprochen, von der Pflicht eines *jeden* Lehrers, wenn ich es weiter fasse, die Wahrheit zu sagen. Mit "*die* Wahrheit" greife ich vielleicht zu hoch: zumindest sollte er das, was er erkennt, nicht verfälschen, sondern es laut und deutlich aussprechen.

Ich glaube, dass wir Wissenschaftler und Professoren dieser Verpflichtung nicht nachkommen. Wir sind sogar weit davon entfernt, besonders wenn es zu unseren eigenen Ungunsten wäre. Leider haben ja die allermeisten Wissenschaftler auch im Dritten Reich eine nicht eben bewundernswürdige Rolle gespielt. Und wenn man daran denkt, wie sich die russischen Wissenschaftler beim Fall Lyssenko* benommen haben! Um wenig zu sagen: es sind halt *nur* Menschen!

Das Hemd war ihnen näher als der Rock.

Genauso. Das wäre die eine Seite dieses Themas, nämlich die Verantwortung des Wissenschaftlers.

Nun gibt es aber die andere Seite, nämlich die, dass das MIT (Massachusetts Institute of Technology) in Cambridge liegt, an der Ostküste Amerikas, von Washington weniger als zwei Flugstunden entfernt, und dass Washington der Regierungssitz ist und dass die Verbindungen zwischen Cambridge und dem Regierungssitz sehr sehr eng sind! Ich sage Cambridge, weil es da noch eine zweite berühmte Universität gibt: die *Harvard University*. Da ist ein sehr grosses Hin und Her zwischen Washington und diesen beiden Universitäten. Man muss sich nur einmal fragen, woher die wissenschaftlichen Berater des Präsidenten kommen,

* Trofim Denissowitsch Lyssenko: ukrain.-sowjet. Botaniker; wurde 1965 als Direktor des Instituts für Genetik der sowjetischen Akademie der Wissenschaft abgesetzt.

die *science advisers?* Sie kommen fast alle entweder vom MIT oder von der Harvard University. Im Flugzeug nach oder von Washington sind beinahe immer irgendwelche Kollegen anzutreffen, die zu Beratungen ins Pentagon eingeladen wurden, dort einen Vertrag zu unterschreiben hatten, etwas besprechen mussten und anderes mehr. Es ist tatsächlich so, dass ein grosser Teil aller wissenschaftlichen und technischen Arbeit an diesen zwei Universitäten vom Militär finanziert wird. Das betrifft die Arbeit sowohl der Professoren als auch der Studenten. Das beeinflusst das Klima hier, und ob man dafür einen Sinn hat oder nicht und ob man später sagt, man habe nichts davon gespürt, – jedenfalls ist die Zusammenarbeit sehr eng.

Man kann auch einfach die Augen schliessen.

Eine grosse menschliche Fähigkeit, und noch fast unerkannt: etwas, was vor Augen liegt, nicht sehen, weil man es nicht sehen will.

Biographisches

Nun will ich zeitlich ein wenig zurückgehen, und zwar in die Jahre zwischen 1965 und 1975. Das war in Amerika ein wichtiger Zeitabschnitt. Er begann mit der Bürgerrechtsbewegung. Meine Teilnahme wurde sofort geweckt, vielleicht weil ich durch meine frühen Erfahrungen in Deutschland einen Sinn für diese Art Ungerechtigkeit entwickelt hatte. Auf jeden

Fall war mir klar, auf welcher Seite ich stand. Ich fühlte auch, dass ich eine besondere Verpflichtung hatte, mich zu engagieren, nicht zuletzt der Sicherheit wegen, die mir die Universität bot. Ich dachte, dass viele, die sich vielleicht auch beteiligen wollten, es nicht konnten, weil sie ihre Existenz dadurch gefährdet hätten. Mir fiel es deshalb in besonderem Masse zu, da mitzumachen. Nicht etwa, dass ich Heldentaten vollbracht hätte! Ich unterschrieb alles mögliche, gab Geld und sprach auch öffentlich.

Dann kam der Vietnamkrieg. Er empörte mich von allem Anfang an, weil es ein unmoralischer Krieg war: wir hatten einfach kein Recht, in dieses Land zu gehen und Menschen zu töten. Dieser Krieg war nicht nur unmoralisch, sondern verfassungswidrig. Zutiefst empört war ich auch über die Methoden, die angewendet wurden, z.B. diejenigen, die unter dem Begriff *free fire zones* liefen. Ich weiss nicht, ob sie in Europa überhaupt bekannt waren: Den Anfang machte das *secure hamlet program,* d.h. das 'Programm der sicheren Dörfer', auch Phoenixprogramm genannt. Es bestand darin, dass man den Leuten gewisser Dörfer befahl, ihr Heim zu verlassen und in bestimmte andere Dörfer zu ziehen, wo ihnen die Vietcongs nichts anhaben könnten, während das Gebiet ihrer Heimatdörfer eben zur *free fire zone* (Schiessfrei-Zone) erklärt wurden. Das bedeutete, dass z.B. die Mannschaft eines Hubschraubers oder Kampfflugzeuges auf alles schiessen durfte oder sogar musste, was sich dort noch bewegte. Sie brauchte keinen Befehl abzuwarten. Ein schreckliches Programm war das; denn viele Vietnamesen wollten ihr Heimatdorf nicht verlassen. Vom übrigen Unheil, das über Südostasien hereinbrach, ganz zu schweigen!

Aber auch in Amerika gab es viel Unheil: Wer sollte nach Vietnam gehen und wer nicht? Die Studenten an Universitäten waren schon einmal ausgenommen. Bei anderen gab es diese und jene Gründe. Wer blieb da übrig? – Die Unterklasse, und unter dieser besonders die Schwarzen!

Die ganze Vietnamgeschichte war einfach furchtbar. Und dazu noch die enge Verbindung gerade meiner Universität mit Washington! Es besteht auch gar kein Zweifel darüber, dass manche der Strategien und manche der Waffen, die in Vietnam ausprobiert wurden (so muss man es doch nennen; denn man wurde dabei an den Spanischen Krieg erinnert, wo die Russen, die Nazis und die Italiener auch so ein Probefeld hatten für ihre neuesten Waffen), in Cambridge entwickelt worden waren und manche darunter von Leuten an meiner Universität.

Als der Krieg immer heisser wurde und ich erkannt hatte, wo ich in dieser Frage stand, rief ich mir die Rolle ins Gedächtnis, die deutsche Akademiker in der Nazizeit gespielt hatten: wie die deutsche Universität, die damals doch eine der ersten Universitäten der Welt war, ihr ganzes Gut 'verkaufte' und ehrlos wurde. Die Rektoren, die Dekane, die Ordinarien hatten sich fast ohne Ausnahme – es gab bedeutende Ausnahmen – dem Faschismus angepasst, und viele dazu noch mit sehr grossem Enthusiasmus. Ich kann mir nicht helfen, ich muss dabei an Konrad Lorenz denken. Gerade in dieser Zeit ist er ja 'gross' geworden, so in den frühen Vierzigerjahren, und da sind auch Artikel von ihm in der wissenschaftlichen Literatur erschienen, die man als Legitimation des Holocausts ansehen kann. Er schreibt darin*, dass man gewisse Menschen, gewisse Völker, so erbarmungslos aus dem deutschen Volk herausschneiden müsse wie Krebsteile aus einem Körper und dass das eine harte Arbeit sei, wofür nur beste Chirurgen taugten. Fast wörtlich wiederholt er die Reden Himmlers; es ist das gleiche Vokabular.

Gelinde gesagt, ein konkretes Beispiel für die Haltung der deutschen Wissenschaftler!

Aber es gab auch Ausnahmen: Professor Emil Julius Gumbel* in Heidelberg war eine, und dann die Geschwister Scholl in München und andere Studenten. Ausnahmen muss man ganz besonders hervorheben!

* siehe z.B. Zeitschrift für angewandte Psychologie und Charakterkunde, Band 59, Heft 1 und 2, Juni 1940: Durch Domestikation verursachte Störungen arteigenen Verhaltens.

** deutscher Statistiker, schrieb zwischen 1919 und 1933 zahlreiche Bücher gegen Nationalismus und Militarismus in Deutschland.

Leider ist es aber doch so, dass man ganz allgemein von der deutschen Universität sagen muss, sie habe sich sehr schlecht verhalten. Und weil ich jetzt selbst Universitäts-Professor bin und Dinge sehe, die man nicht geschehen lassen kann, muss ich mich anders verhalten.

Es bleibt eine grosse Schande!

Ja, und weil ich die Schande erkenne und weiss, dass es Verbrechen waren, kann ich jetzt in meiner eigenen Universität nicht schweigen.

Zur Zeit des Vietnamkrieges verdichteten sich meine Fragen allmählich zur Gewissheit, dass wir Akademiker in Cambridge durch unsere enge Zusammenarbeit mit dem Militär an diesem Krieg mitschuldig seien

Wie ich zum Ketzer wurde

Gerade zu dieser Zeit, so um 1966, veröffentlichte ich mein *Eliza*-Programm. Das war also das Programm, worin der Computer die Sprechweise eines Psychiaters übernimmt:
– Guten Tag, was kann ich für Sie tun?
– Es tut mir weh.
– Wo tut es weh?
So ungefähr. Ich hatte dabei nicht entfernt die Absicht, etwas Therapeutisches zu schaffen; aber ich dachte schon damals, dass mein Vorgehen missverstanden werden könne. So fragte ich einen erfahrenen Kollegen, wie ich das Programm ankündigen müsse. Er sagte: “Das muss man in einem *Computer Science Journal*

veröffentlichen und ganz klar herausstellen, was es ist und was es nicht ist."

Vor nicht allzu langer Zeit nun feierte die Zeitschrift, in der ich das Programm zuerst veröffentlicht hatte, ihr 25-jähriges Bestehen. Aus diesem Anlass wurden alte Beiträge wieder gedruckt, die historisch wichtig schienen. Mein *Eliza*-Artikel war auch darunter. Das freute mich und gab mir Gelegenheit, die Sache wieder einmal zu lesen, lag sie jetzt doch schon gut über 15 Jahre zurück. Wie erleichtert war ich, als ich feststellte, dass ich zu Beginn über eine Viertelseite hin darauf aufmerksam gemacht hatte, wie leicht man mein System missverstehen könne und dass man es ja nicht etwa missverstehen solle in eben dem Sinne, dass es mit Psychiatrie etwas zu tun habe, ein Heilmittel sei oder dergleichen. Ganz klar hatte ich das gemacht.

Warnungen, die in den Wind geschlagen wurden?

Ja, und deutlicher hätte man es gar nicht sagen können! Es folgt dann die eigentliche Beschreibung des Systems, und zwar so präzise, dass man danach ganz ohne weitere Hilfe ein gleiches System selbst bauen konnte. So soll es doch sein in der Wissenschaft!

Und doch wurde diese Arbeit missverstanden! In meinem Buch 'Die Macht der Computer und die Ohnmacht der Vernunft' erzähle ich, wie mein Programm kopiert wurde und wie vor allem ein Psychiater in Kalifornien in einer Zeitschrift für Psychiatrie schrieb, dass nun der Anfang des Zeitalters der automatischen Therapie gekommen sei und dass man in naher Zukunft zwei- bis dreihundert Menschen auf einmal werde behandeln können.

Ich erschrak zutiefst, schon allein deshalb, weil mit diesem Artikel nun Psychiater angesprochen waren, also in dieser Sache Laien, die die Grenzen der neuen Technologie gar nicht kennen konnten.

Nun war ich in dieser turbulenten Zeit ohnehin schon mit philosophischen und ethischen Fragen beschäftigt. Angefangen hatte es, wie gesagt, mit der Bürgerrechtsbewegung; dann kam der Vietnamkrieg, wo ich mich noch weit mehr eingelassen hatte – ich bin ziemlich stolz darauf, dass ich sogar einmal verhaftet wurde, bei einer Demonstration in Washington; darauf sollte man doch stolz sein, nicht war –, und nun noch dieses *Eliza*-Programm, das mich ganz persönlich betraf! Die Frage war nicht mehr: Was machen wir Wissenschaftler? Was machen wir Universitätsleute? Sie lautete nun: Was mache ich? Was habe ich denn da gemacht? Wie mache ich weiter?

Die Erfahrung jener Zeit war die, dass man nicht mehr aufhören kann zu fragen, wenn man einmal angefangen hat. Es ist also sehr gefährlich, die erste Frage zu stellen. Da muss man aufpassen, und ich glaube, dass alle, die nicht befragt werden wollen, das wohl wissen. Man muss ihnen recht geben, wenn sie alles daran setzen, das Fragen überhaupt zu verhindern oder sogar zu verbieten!

Bei mir führte das Eliza-Problem zur Frage: Was mache ich denn da mit diesem Computer? Was machen wir alle damit?

Es wäre natürlich möglich gewesen, dass ich mir selbst die Frage positiv beantwortet hätte. Das hätte doch sein können? Tatsächlich war es aber halt anders: Jede Antwort, die ich mir selbst gab, trieb mich nur immer weiter.

Sie meinen damit, dass keine Antwort Sie befriedigt oder beruhigt hätte?

Ja, so war es.

Dass Ihnen allmählich die Computerwissenschaft an sich, Ihre eigene Arbeit eingeschlossen, fragwürdig erschien?

Genauso. Je tiefer ich eindrang, desto fragwürdiger wurde alles. Nie hatte ich ein Gefühl der Erlösung, wo ich aufatmend hätte sagen können: Bis hierher war es gut, und in dieser Richtung soll es weitergehen.

Fragwürdige Wissenschaft

Natürlich führen solche Fragen über die eigene Person hinaus, und man sieht auch deutlicher, was in der Welt geschieht.

Auf anderen Zweigen der Wissenschaft?

Auch das, aber mein Hauptanliegen blieb es vorerst doch, den Sinn der eigenen Arbeit her auszufinden. Es mag befremdlich scheinen, dass man diese Frage so spät erst stellt. Ich gebe zu, dass ich selbst darüber erstaunt war: warum war sie mir nicht früher eingefallen, und warum fällt sie auch meinen Studenten nie ein? Wie kann man an etwas arbeiten, von dessen Endziel oder Nutzen man keine Ahnung hat oder sogar keine Ahnung haben darf? Wenn man z.B. die Aufgabe hat, zwischen ein System A und ein System C ein System B zu bauen, das eine Kommunikation herstellen soll zwischen A und C, wie kommt es, dass man sich nicht fragt: ja, wozu denn? sondern nur das rein technische Problem sieht, das es zu lösen gilt. Es könnte doch sein, dass das Gerät, das da in Arbeit ist, gebraucht wird, um irgendein Gas zu verbreiten, und dass man also an einem neuen Auschwitz mitarbeitet! Ja, wenn man das wüsste, würde man da nicht mitmachen wollen! Aber man fragt eben nicht. Wenn die finanziellen Mittel beschafft sind, die Zeit vorhanden ist, das Problem interessant erscheint – macht man sich dahinter! So ging es auch mir.

Es gibt Leute, die behaupten, die echten Wissenschaftler brauchten sich nicht zu fragen, wofür sie arbeiten. Und selbst wenn sie es wüssten, gehe sie das nichts an. Ein einfacher Mensch wisse wohl, dass der Ofen, an dem er baut zum Brotbacken ist. Ein Akademiker dagegen, auch wenn er im Dritten Reich lebt und die Luft voller Gerüchte hängt, brauche sich um den Zweck seiner Arbeit nicht zu kümmern.

Das meine ich mit 'historischer Gegebenheit': wenn man im Dritten Reich an einem Ofen mitarbeitet, der eine seltsame Form hat, und wenn man um solche Vernichtungslager wie Auschwitz weiss, kann man nicht sagen, der Ofen könne allerlei Zwecken dienen. Die konkreten Umstände sind dann so, dass der Zweck gerade *dieses* Ofens ausser Zweifel steht. Das wär als besuchte ich jemanden, der in einer Schublade eine Pistole liegen hätte. Nun ja, dächte ich mir, diese Pistole kann er als Aschenbecher benützen oder als Hammer, um Nägel einzuschlagen. Und drei Tage später hörte ich, dass mit dieser Pistole ein Mord begangen wurde. Kann ich dann überrascht sein? Kann ich von dieser oder jener Möglichkeit des Gebrauchs noch reden?

Ein ähnlicher Fall: in einem südamerikanischen Staat wurde ein Nationalsozialist aufgespürt, der für diese schrecklichen Gastransporte verantwortlich gemacht wird. Jeder, mit dem ich darüber spreche, findet, das sei *ein Kriegsverbrecher, weil er am Bau der Wagen mitgearbeitet hat. "Und welchen Unterschied", frage ich dann, "gibt es zwischem ihm und dem Mitarbeiter an einer Atombombe?"*

Das Beispiel ist treffend, obwohl ich die Wissenschaftler nicht anklagen möchte, die in den Vierzigerjahren an der Atombombe gearbeitet haben, also Oppenheimer und seine Leute. Die dachten damals, Einstein eingeschlossen, wenn Hitler in der Lage wäre, eine solche Bombe herzustellen, dass dies den

Untergang der Welt oder jedenfalls unserer Kultur bedeuten könne. Aber später, nach 1945, da kann man sich fragen, weshalb weiter daran gearbeitet wurde.

Atombombe – ein Instant-Auschwitz

Um jedoch in die Gegenwart zurückzukehren: mich beschäftigt noch eine andere Frage: Wie ist das mit all den Menschen, die heute z.B. in einer Fabrik arbeiten, wo Atombomben hergestellt werden? Ich meine, wo es ganz offensichtlich ist, woran gearbeitet wird: wo gar kein Hehl daraus gemacht wird. Oder mit jenen, die heute die Atombombe befürworten, politisch oder philosophisch?

Hierzu will ich einen Gedanken ausspinnen, der immer ins Reich der Phantasie gehören wird: wir nehmen einmal an, wir würden den 'Grossen' sagen, wenn ihr Krieg anfangt, lassen wir Hunderttausende von Menschen umbringen. Damit nun diese Drohung auch wahr gemacht werden kann, müssten wir gleich damit beginnen, die Vernichtungslager herzurichten mit den Öfen, dem Gas und allem weiteren. Eine Eisenbahn brauchte es auch und natürlich eine Bürokratie samt Eichmann. Würde ich jetzt meine Kollegen oder Studenten fragen, ob sie bereit seien, an diesen Lagern mitzuarbeiten, bekäme ich gewiss von jedem die Antwort: Nein.

Nun sehe ich aber, und das sehe ich mit Klarheit, dass die Atombombe und die Wasserstoffbombe – diese sogenannten Waffen, die keine sind, sondern einfach Vernichtungsgeräte – auch eine Art Auschwitz sind, ein Instant-Auschwitz nämlich, das statt 4 Jahre nur wenige Mikrosekunden dauert und weder eine Eisenbahn, noch eine Verwaltung, noch einen Eichmann benötigt.

Aber Computer werden benötigt?

Ja, obwohl ich beifügen muss, dass die ersten Atombomben ohne Computer hergestellt wurden. Heute braucht es Computer, auch zum Steuern usw.

Wenn man jetzt erkennt, dass alle nuklearen Waffen nichts anderes als ein Instant-Auschwitz, ein Sofort-Auschwitz sind, wenn man das Ungeheuerliche fassen kann, wie kann man dann da noch mitmachen? Wie kann man in einem Forschungslaboratorium oder einer Fabrik weiterarbeiten, die dem Tod gewidmet sind? Und die Leute wissen das wohl und sagen dennoch nicht: "Wir machen nicht mehr mit!"

Sie sagen halt, die Atombombe werde nicht eingesetzt. Aber in Ihrem Beispiel vom Gasofen ist das ja schon enthalten: er wird nicht verwendet, nur im Fall . . .

Bürgerpflicht

Auf die Frage der Verantwortung zurückkommend: Denken Sie, dass auch der einfache Arbeiter verpflichtet ist zu wissen, woran er mitwirkt?

Ja, auch der Arbeiter; die Wissenschaftler und Techniker aber doch in erster Linie. Unter diesen gibt es viele, denen es nie einfällt, die Frage überhaupt zu stellen: sie arbeiten ruhig an Dingen, von deren Sinn und Zweck sie kaum eine Ahnung haben. Oder wenn sie eine Ahnung davon haben, dann unterdrücken sie diese. Mir werden manchmal Dissertationsthemen vorgelegt, deren Bearbeitung ich überwachen soll. Wenn ich die Studenten dann frage, was sie vorhätten, erhalte ich Antworten wie: das sei so eine Art Untersystem eines grösseren Systems. Und was sei denn der Zweck des grösseren Systems? Das habe mit der Luftwaffe zu tun und sei streng geheim; sie selbst dürften nicht wissen, was es sei. Ich sage dann: "Wie kann man an einer Sache arbeiten, deren Zweck man nicht wissen darf? Gewiss will ich selbst nichts damit zu tun haben." – Eine Versuchung ist das immer, denn einfacher wäre es, sich selbst mit Ausreden abzuspeisen: ich korrigiere doch nur das Sprachliche, zeige ihm, wie diese Rechnung gemacht wird, usw.

Von allem übrigen hätten Sie nichts gewusst?

Ein Leichtes wär's, wenn schon der Student nicht weiss, worum es geht.

Vor kurzer Zeit war ich zu einem Podiumgespräch eingeladen. Unter den Anwesenden waren auch Admiral Inmann, ehemaliger Chef der NSA, und Professor Herbert Simon, Nobelpreisträger der Wirtschaftswissenschaft, sowie ein berühmter Mann auf dem Gebiet der künstlichen Intelligenz. Zur Diskussion stand gerade die Frage der Verantwortung des Wissenschaftlers für die Nutzung seiner Forschungsergebnisse und ob diese Verantwortung sogar gesucht werden müsse. Da sagte Herbert Simon, dass wir dazu doch eine Regierung hätten und dass die entscheiden solle, was hergestellt und was nicht hergestellt werde. Keinesfalls hätten die Wissenschaftler darüber zu befinden. Weiter sagte er, dass in einem demokratischen Land wie Amerika ja auch immer die Möglichkeit bestehe, die Regierung abzusetzen, wenn sie etwas tue, was einem nicht gefalle. Seine Worte fanden bei den Zuhörern ein lebhaftes Echo; aber mich erinnerten sie auf bedenkliche Weise an gewisse Behauptungen im Dritten Reich: Wir Wissenschaftler, was wissen wir denn von der Politik? Was geht uns die Politik an; wir sind dazu nicht befähigt! Wir können von Politik doch gar nichts verstehen!

Ein Paradoxon ist das, wenn Wissenschaftler das Wissen verleugnen.

Nebst Wissenschaftlern sind sie auch Bürger einer Demokratie, und als solchen obläge es ihnen, eine Regierung nicht nur zu wählen, sondern wachsam zu verfolgen, was sie macht.

Das führt uns dazu, darüber nachzudenken, was das Wort Demokratie überhaupt bedeutet: Dabei kommen wir auf die griechischen Stadtstaaten als Grundlage. Da hatte ein Bürger nicht nur das Recht mitzuregieren – nicht alle, die da wohnten, waren freilich Bürger –, sondern es war seine Pflicht. Unsere Pflicht wäre es auch. Mich interessiert die Frage schon deshalb, weil ich längere Zeit in einem Ort gewohnt habe, der in Amerika eine Besonderheit darstellt, indem das versammelte Volk dort wirklich noch regiert. Der Ort heisst Concord und liegt im Staat Massachusetts. Er ist historisch wichtig, weil zu Beginn der amerikanischen Revolution dort der erste Schuss ausgelöst wurde und es ein Grab gibt, wo fünf englische Soldaten liegen. In Concord also kommt das Volk einmal im Jahr (im Notfalle auch öfter) zusammen, um die Geschäfte zu besprechen: die Budgetfrage, die neue Feuerwehr usw. Alle, die dort wohnen, haben das Recht mitzureden, und sie machen davon auch Gebrauch. Die Mitverantwortung wird da ganz direkt angesprochen.

Ich erwähne das, weil man diese Haltung des 'ich bin kein Bürger, ich wohne nur hier' in Concord nicht antrifft, also gerade die Haltung, die es in einer Demokratie nicht geben sollte. Wenn sich einer beispielsweise im Dritten Reich aus der Sache halten wollte, kann man das noch verstehen, ganz einfach deshalb, weil eine eigene Meinung gefährlich war; obwohl es auch dort ein paar Fälle gegeben hat, wo Widerstand erfolgreich war.

Um auf Ihre eigene Haltung zurückzukommen: Sie sind noch immer am MIT; heisst das, dass Sie im Lehren von Informatik doch einen Sinn sehen?

Sinn der Lehrtätigkeit

Im Tagebuch Leo Tolstois befindet sich eine Eintragung, die ich meiner Antwort auf diese Frage fast als Motto voranstellen möchte. Er sagt, dass es eine Sünde sei, sich in eine Gemeinschaft Gleichdenkender zurückzuziehen. Selbst wenn man sich im Schlamm der Gemeinheit befinde, solle man nicht versuchen zu entfliehen.

Ich will an einem Beispiel zeigen, wie ich das verstehe: Weil ich gegen die Apartheid in Südafrika bin, schreibe ich einen Brief an die New York Times, worin ich meiner Entrüstung Ausdruck gebe. Da ich in Massachusetts lebe, weit weg also vom Geschehen, wird die Wirkung, die ich damit erziele, nicht allzu gross sein. Viel eher sollte ich da, wo ich bin, gegen Ungerechtigkeiten kämpfen; im weiteren Sinn ist das Cambridge, meine Stadt, und im engeren das MIT, meine Universität. Meine Pflicht muss es deshalb sein, auf meinem Posten auszuharren, gerade weil die Universität und ich so sehr verschieden sind: wäre sie nämlich eine theologische oder pazifistische Lehranstalt, würde sie mich nicht brauchen (oder ich sie nicht). So wie es ist, bin ich sozusagen im Rachen des Löwen, und da muss ich bleiben.

Beifügen muss ich noch, dass ich nicht daran glaube, dass Vorlesungen über Themen wie 'Die Moralität und die Technik' günstig auf Studenten einwirken. Es wäre, wie wenn sie sonntags sich eine Predigt über das sittliche Handeln anhörten, um werktags sagen zu können: “Über solche Fragen denken wir nur am Sonntag nach!” Meiner Meinung nach müssen die Ethik und die Wissenschaft gemeinsam gelehrt werden, und zwar nicht mittels Worten allein: das Vorbild wirkt mehr als alle Lehren. Verfehlt wäre es also zu sagen: “Wenn ich vor der Klasse stehe, werde ich so tun, als ob mir dieser oder jener moralische Mangel nicht anhafte.” Ein Mensch wirkt immer in seiner Ganzheit: er gibt immer das weiter, was er ist. Der Lehrer muss sich in besonderem Masse dessen bewusst sein und seine Verantwortung erkennen. Die Schüler haben auch das Recht, viel von ihm zu fordern (und wenn es nur aus dem Grund wäre, dass sie ja dafür bezahlen: ein wichtiger Grund in unserer Welt).

Eisberg und Wunder

Ich frage mich, wie alle anderen zu einem Umdenken zu bewegen wären. Wenige einzelne — so hört man oft — brächten ein Umdenken wohl fertig; aber was nützen diese wenigen schon! Krieg oder Katastrophen seien noch immer die einzigen Mittel gewesen, die Menschen zur Einsicht zu bringen!

Ich weiss es nicht. Aber eines weiss ich, nämlich dass man keine historischen Vergleiche anstellen soll. In den letzten fünfzig Jahren haben wir eine Diskontinuität erfahren, die ihresgleichen eben gerade nicht hat: Da ist z.B. die Raumfahrt, mit der es uns gelungen ist, unsere Unterschrift ins All zu schreiben, und zwar auf unauslöschliche Weise. Ich meine damit die Raumschiffe, die wir von der Erde weggesandt haben und die vielleicht in hundertmillionen Jahren immer noch im Universum fliegen werden. In Ewigkeit also, und in Ewigkeit ein Zeichen dafür, dass wir vor Zeiten da waren. Das konnte man früher nicht. Dann zeigt sich die Diskontinuität auch in der Fähigkeit – und hier zeigt sie sich vielleicht am deutlichsten –, uns selber auszurotten, ganz und gar; dem Menschengeschlecht, der menschlichen Existenz einfach ein Ende zu machen. Auch das konnte man früher nicht.

Deshalb sind auch all die Aussagen hinfällig, wie: "So manche Kultur ist schon verschwunden, und die Menschheit ist nicht zugrunde gegangen, auch unsere Kultur wird einmal verschwinden, ohne dass damit gleich das Ende der Welt käme."

Meiner Ueberzeugung nach sind wir heute alle Passagiere auf einer Titanic: wir fahren auf den Eisberg zu, aber es ist zu spät, das Steuer herumzureissen. Es ist uns einfach bestimmt, auf diesen Berg aufzufahren; das Schiff muss sinken.

Können wir dennoch gerettet werden? – Ja, wir können gerettet werden, aber es ist ein Wunder vonnöten. Ich stelle mir nicht ein Wunder vor wie z.B. dasjenige des 'Wandelns auf dem Wasser'. Ich will ein Beispiel zu Hilfe nehmen, um die Art Wunder zu beschreiben, deren es bedarf:

Zur Zeit des Bürgerskrieges waren in Irland zwei Frauen: eine Mrs. Corrigan und eine Mrs.

Williams. Die eine war katholisch, die andere protestantisch. Nachdem nun in diesem Krieg schon soviel Blut vergossen war, beschlossen sie eines Tages, dass der Krieg aufhören müsse. Sie sagten: "Unsere Kinder sterben, wir müssen ein Ende machen!" Und der Krieg hörte auf. – Leider nicht für immer, nicht einmal für sehr lange; aber er hörte auf. (Die Frauen erhielten später den Friedensnobelpreis.)

Das Besondere an diesem Wunder ist – es war tatsächlich ein Wunder –, dass es durch ganz einfache Menschen gewirkt wurde: die Frauen hatten weder Rang noch Namen, nicht einmal in irgendeinem Schulkomitee waren sie.

So ähnlich stelle ich es mir mit dem Wunder vor, das uns noch retten kann. Durch den amerikanischen Präsidenten oder sonst irgend einen Staatsmann wird es sich nicht ereignen. Vielleicht wird es ein Kind sein, eine alte Frau, irgendein einfacher Mensch! – Wir wissen es nicht.

Natürlich könnte man jetzt denken: Wenn da ein Wunder vonnöten ist, setze ich mich bequem zurück und warte halt! Oder ich mache so weiter wie bisher. – Weit gefehlt! Zunächst sollte man sich so verhalten, dass man das Wunder nicht verhindert (und damit ist schon viel gesagt). Dann ginge man dazu über, den Boden vorzubereiten für das Wunder (blosses Zuschauen gäbe es da nicht mehr). Und weiter schritte man zu dem 'vermessenen' Gedanken, dass man selbst derjenige sein könnte, durch den das Wunder geschieht (und das könnte bewirken, dass sich manches verwandelt).

Wenn ein ganz einfacher Mensch das Wunder wirken kann, kann ich nicht wissen, ob ich nicht selbst dieser einfache Mensch bin?

So meine ich es. – In der chassidischen Tradition – einer jüdischen religiösen Bewegung vor allem in Osteuropa, wo man bei Gottesdiensten tanzt und singt und so richtig feiert – hat man zu Gott ein ganz anderes Verhältnis: so vertraut ist diesen Leuten der Liebe Gott, dass sie ihn fast sehen können. Sie sprechen mit ihm auf die selbstverständlichste Weise oder klagen ihn sogar an. Der Rabbi, der chassidische Rabbiner, ist nicht nur sehr belesen und klug, sondern er ist ein heiliger Mann, ein Weiser, und er kann Wunder wirken. Nun kann man aber nicht Rabbiner werden wie z.B. Priester oder Pastor: der Rabbi wird von Gott berufen. Es sind immer Männer, die ein ganz einfaches, man könnte fast sagen dummes Leben führen, und mit etwa 36 Jahren ergeht dann plötzlich der Ruf an sie.

Das ist dann eine Art von Wunder?

Ja, sie *sind* dann sogleich Rabbiner. – Gleich wie nun der junge Chassid nicht wissen kann, ob nicht er zu dieser Heiligkeit berufen ist, können auch wir nicht wissen, ob nicht wir zu Grösserem ausersehen sind. Wir müssen die Möglichkeit zulassen.

Ein sehr schöner Gedanke!

Beifügen möchte ich noch – ungeachtet der grossen Gefahr, in der wir uns befinden –, dass die sogenannte Ohnmacht des einzelnen eine Illusion ist. Vielleicht ist es die gefährlichste Illusion, die ein Mensch überhaupt haben kann.

Ich bin froh, dass Sie das sagen.

Gefährlich ist sie deshalb, weil sie sich erfüllen kann: wenn man an etwas glaubt, kann das Geglaubte Wirklichkeit werden, auch wenn es nicht stimmt; man glaubt, man sei machtlos, und wird dann tatsächlich machtlos. Wir haben, Gott sei Dank, Beispiele, die uns beweisen, dass es eine Illusion ist. Der Widerstand gegen den Vietnamkrieg ist ein solches: in Amerika leben ungefähr 250 Millionen Menschen, und vielleicht hunderttausend davon waren gegen diesen Krieg. Darunter gab es junge Leute, die sich zum Zeichen des Widerstands die Haare nicht mehr kämmten. So fing das in Amerika an und führte schliesslich dazu, dass der Krieg beendet wurde.

Ein anderes Beispiel nenne ich, weil ich es nicht für möglich gehalten hätte, dass es sich ausgerechnet in der Bundesrepublik zutrage: Als mit der Volkszählung begonnen werden sollte – ich war damals gerade in Deutschland –, gab es Leute, die sagten: "Ich mach' da nicht mit." Nicht etwa, dass diese Leute irgendwie organisiert gewesen wären, zu

Gruppen zusammengeschlossen! Es waren einzelne, die einfach Nein sagten. In Amerika scheitern manchmal Pläne daran, dass die Leute nicht mitmachen; aber in einem Land mit dieser ausgesprochenen Tradition des Gehorsams und der Autoritätsgläubigkeit schien das unmöglich. (Wir wollen zwar nicht vergessen, dass es früher dort auch Menschen gegeben hat wie die Geschwister Scholl.)

Ich denke auch an diese Frau in Birmingham, Alabama: Rosa Parks.

Ja gewiss. Sie war eine Schwarze, mittleren Alters, die von der Arbeit kam. Todmüde wie sie war, setzte sie sich im Autobus auf einen Platz, der nur für Weisse war. Darauf aufmerksam gemacht, liess sie sich nicht vertreiben und löste durch ihren Widerstand die Bürgerrechtsbewegung eigentlich aus. Ganz ohne es zu wollen, hat sie die Welt verändert, und ohne jede Absicht ist sie zur Heldin geworden.

Wie kann man also sagen, der einzelne könne nichts ausrichten? Schon gar in einer Demokratie, wo es doch immer noch eine Freiheit gibt, die nicht Illusion ist. Als Lehrer habe ich noch meine besonderen Erfahrungen: ich weiss nie, wann ich im Leben eines meiner Studenten eine Veränderung bewirke. Hin und wieder erhalte ich einen Brief der folgenden Art, und darüber freue ich mich immer sehr: "Gewiss erinnern Sie sich nicht an mich, aber damals, als Sie mir das sagten oder jenes vorlasen, hat sich mein Leben verändert . . ."

So kann es einem Prediger ergehen: er spricht zu Tausenden und erreicht das Ohr des einen.

Ja.

Und für diesen einen war er vielleicht da.

Hinten in meinem Buch sage ich, dass man sich so verhalten müsse, als ob die Zukunft der ganzen Menschheit von einem abhange.

Fast die einzige Hoffnung, die einem bleibt!

Aber es *ist* eine Hoffnung. Das Bild von der Titanic lässt uns nicht einen Schimmer von Hoffnung: wir sind alle Passagiere und müssen mit dem Schiff untergehen. Die Lage ist hoffnungslos. – Aber das Wunder kann uns retten, und es geschieht durch Menschen, und zwar durch einzelne. Das gibt dem einzelnen Menschen wieder eine Bedeutung und einen Wert, die ihm schon fast abhanden gekommen wären.

Einen Glauben an seine Möglichkeiten ...

Einen Glauben an die einzelnen Menschen. Ich möchte dazu einen Abschnitt aus meinem Buch 'Die Macht der Computer und die Ohnmacht der Vernunft' (Seite 348) zitieren:

"Die Tatsache, dass Argumente, die sich auf höhere Prinzipien berufen – etwa auf die Verpflichtungen eines einzelnen gegenüber seinen Kindern oder der Natur an sich –, nicht als legitim angesehen werden, bringt jeden in ein schweres Dilemma, der seine Kollegen dazu überreden möchte, sich zusammenzutun, um der eigenen Forschung bestimmte Grenzen zu setzen. Wenn er solche Argumente trotzdem vorbringt, vielleicht in der Hoffnung, eine Art Bekehrungserlebnis bei seinen Kollegen zu bewirken, dann läuft er Gefahr, völlig ins Leere zu stossen und sogar als eine Art komischer Kauz exkommuniziert zu werden. Wenn er sich für eine Beschränkung aus der Überlegung heraus ausspricht, dass eine ungehemmte Forschung irreversible Konsequenzen haben könnte, dann bedient er sich ebenfalls der instrumentellen Vernunft und trägt dazu bei, deren Missbrauch (etwa im Gewand einer Kosten-Nutzen-Analyse) zu legitimieren, gegen den er eigentlich ankämpfen möchte.

Was für viele andere Dilemmata gilt, trifft auch hier zu: die Lösung liegt im Verwerfen der Spielregeln, die es hervorgebracht haben. Für das vorliegende Dilemma lautet die entsprechende Regel, dass die Rettung der Welt — und darüber rede ich hier — davon abhängt, andere zu den richtigen Ideen zu bekehren. Diese Regel ist falsch. Die Rettung der Welt hängt nur von dem Individuum ab, dessen Welt sie ist. Zumindest muss jedes Individuum so handeln, als ob die gesamte Zukunft der Welt, der Menschheit selbst, von ihm abhinge. Alles andere ist ein Ausweichen vor der Verantwortung und selbst wieder eine enthumanisierende Kraft, denn alles andere bestärkt den einzelnen nur in seiner Vorstellung, lediglich eine Figur in einem Drama zu sein, das anonyme Mächte geschrieben haben, und sich als weniger als eine ganze Person anzusehen, und das ist der Anfang von Passivität und Ziellosigkeit."

Darf ich einmal annehmen, Präsident Reagan bilde sich ein, die Rettung der Welt hänge von ihm ab. Da er das Übel im Kommunismus sieht, denkt er, es gelte, den Kommunismus auszurotten. Er macht sich an die Arbeit . . .

So ist es nicht gemeint: wenn er denkt, die Rettung der Welt hänge von ihm als Person ab, ist das etwas anderes, als wenn er glaubt, die Rettung hänge von ihm als Präsident ab. Wenn er als Person lügt, zum Beispiel, und weiss, dass er mit einer Lüge der Welt Schaden zufügt, dann ist das richtig: man fügt der Welt mit einer Lüge Schaden zu. Aber für ihn als Politiker stellt sich die Frage anders. – Ich bin versucht zu behaupten – vor allem, wenn ich an das Wunder denke, auf das wir alle warten müssen –, dass mit wachsender gesellschaftlicher oder politischer Macht eine ganz andere Macht des Menschen abnehme, eine seelischgeistige nämlich. Und deshalb hängt auch die Rettung der Welt, so glaube ich, viel eher von einfachen Menschen ab als vom Präsidenten von Amerika.

Es geht Ihnen darum zu beweisen, dass der einzelne nicht machtlos ist und dass sein Tun von grosser Bedeutung für die Welt sein kann.

Ich will nicht behaupten, dass der einzelne die Welt ganz und gar verändern und wieder in Ordnung bringen könne, so alleine! Aber er muss sich so verhalten, als ob alles von ihm abhinge, und das heisst dann, dass er den Weg bereitet für das Wunder. Die Macht, das Wunder zu wirken, hat er damit noch nicht.

Angst vor dem Computer

Wenn ich nun wieder an Sie als Computerfachmann gelangen darf, möchte ich die Frage an Sie richten – obwohl sie mit dem Bild der "Titanic" vielleicht schon beantwortet ist –, woher das Unbehagen rührt, das viele beim Computer empfinden?

Weshalb diese Ängste?

Abgesehen von der Angst um den Arbeitsplatz, wo es konkret wird, dass der Computer eine Gefahr bedeutet.

Wenn wir versuchen, den Dingen auf den Grund zu gehen, können wir zunächst einmal nicht umhin anzuerkennen, dass der Computer eine beeindruckende Erfindung ist. Vor hundert Jahren konnte man sich nicht vorstellen, dass eine solche Maschine gebaut werden könne. Es wäre aber falsch zu meinen, als Vorstellung sei sie nicht schon viel früher vorhanden gewesen.

Sie meinen als eine Art Traum?

Ja, im griechischen Mythos von Pygmalion. In dieser Sage schnitzt ein König namens Pygmalion das Standbild einer Frau in Elfenbein. Er verliebt sich dann so sehr in diese Figur, dass ihr die Göttin Aphrodite Leben einhaucht.

Das heisst, dass man ein Werk schafft, sich dann in das Geschaffene verliebt und es dadurch zum Leben erweckt?

Aber für uns geht es zunächst darum, künstliches Leben herzustellen. Dass man sich später in das eigene Werk verliebt, steht auf einem andern Blatt.

Noch einige andere Mythen sind in unserer Zeit Wirklichkeit geworden, zum Beispiel der Traum des Ikaros, ins Weltall zu fliegen.

Der Wunsch, den Göttern das Feuer zu stehlen, hat sich auch erfüllt. (Im Mythos wird Prometheus zur Strafe an einen Felsen geschmiedet.)

Später erscheint die Vorstellung vom künstlichen Leben in Gestalten wie dem berühmten Golem von Prag oder in Frankenstein.

All diesen Sagen und Geschichten haftet etwas seltsam Unheimliches an. Der Versuch, künstliches Leben zu schaffen, ist also historisch schon mit einem Unbehagen verbunden: man macht etwas Verbotenes, raubt etwas, was den Göttern gehört. – Ich nehme das sehr ernst: für mich sind es nicht Märchen. Bedeutsam sind solche Sagen auch deshalb, weil sie unser Denken bestimmt haben.

Das wäre der Hintergrund des Geschehens. Dazu kommt nun eine Art Ehrfurcht vor der

Klugheit, die es brauche, um die neue Erfindung überhaupt verstehen zu können. Und dann ist man eingeschüchtert durch die Macht, die dem Gerät gegeben ist und die auch noch etwas Geheimnisvolles hat, wie Zauberei: da wird ein Flugzeug von San Francisco nach New York gesteuert oder eine ganze Fabrik verwaltet . . .

Unheimlich ist das alles schon, und man begreift, dass solche Gefühle des Unbehagens aufkommen können.

Manche staunen auch darüber, dass Kinder mit dem Gerät umgehen können, und sie selber können es nicht. (Das ist weiter nicht erstaunlich, denn Kinder haben mehr Zeit und mehr Geduld für solche Sachen, und dazu sind sie noch der Verantwortung ganz enthoben.)

Für Kinder ist es einfach ein neues Spielzeug.

Es plagen sie keine Bedenken.

Entwertet den Arbeiter

Was nun die Befürchtungen anbelangt, dass der Computer Arbeitsplätze wegnehme, so entbehren sie nicht der Grundlage: der Computer übernimmt viel Arbeit. Auf dem freien Arbeitsmarkt übernimmt er sogar den wichtigsten Teil, nämlich das, was verkauft wird.

Der Begriff 'freier Arbeitsmarkt' berührt mich immer unangenehm, weil da der Arbeiter zur Ware wird.

Und ‘frei’ impliziert auch noch, dass der Arbeiter ganz frei sei. Er ist frei in dem Sinne, dass er so hoch verkaufen kann, wie es ihm gelingt.

Sich selber?

Ja, für möglichst viel Geld. – Auf diesem Markt nun ersetzt der Computer das Beste, was der Arbeiter anzubieten hat: Kenntnis und Können. Beides übernimmt die Maschine, und er selber wird zu einem blossen Bediener der Maschine herabgewürdigt. Seine eigentlichen Fähigkeiten sind aus ihm herausgelockt und dem Gerät einverleibt worden. Er hat demnach weniger zu verkaufen als früher, und das, was er noch verkaufen kann, ist weniger wert.

Er selbst verliert an Wert?

Ja, weil er nicht nur der Fähigkeit beraubt wird, seiner Familie Brot zu beschaffen, sondern auch eines der Zeichen, die ihm beweisen, dass er Mensch ist. Nun wird er vereinfacht und in einen Bediener verwandelt. (Fast wie bei Kafka, wo ein Mensch in einen Käfer verwandelt wird; Kafka ist da ein Prophet.)

Meist wird das Gegenteil gesagt: die Maschine übernehme die schwere, schmutzige und damit unwürdige Arbeit und gebe dadurch dem Menschen die nötige Musse, sich Höherem zuzuwenden. (1)

Das stimmt in gewisser Weise: sie übernimmt tatsächlich einen Teil der schweren Arbeit. Man sollte sich darüber auch freuen, aber mehr prinzipiell. Die Kehrseite der Medaille ist halt, dass der Maschine immer mehr von der Arbeit übertragen wird, wofür es früher gelernte Kräfte brauchte. Beifügen muss man auch dies: Wer sich darüber freut, dass die schreckliche Arbeit in den Kohlengruben Englands – wie sie in George Orwells Buch beschrieben ist – nicht länger von Menschen verrichtet werden muss, sollte nicht vergessen, dass die Maschine vom Kapital nicht zu dem Zweck geschaffen wurde, den Menschen die Arbeit leichter zu machen: es geht doch darum, dass man etwas billiger herstellen kann und demgemäss mehr Geld verdient.

Damit kämen wir nun auf einen Gedanken zu sprechen, der sich immer so schön anhört: dass nämlich die Leute, die ihr Kapital riskiert hätten, um diese oder jene Firma oder Fabrik überhaupt ins Leben zu rufen und die nötigen Maschinen herzustellen usw., auch dazu berechtigt seien, für das Risiko bezahlt zu werden, und das heisst: mit Geld Geld zu verdienen. Wenn nun also mehr Gewinn erzielt wird, bekommen sie auch mehr davon. Ganz beiseite gelassen wird ein anderer Gedanke: dass nämlich die, die sich selbst – und nicht nur ihr Geld – investiert haben, auch ein Recht dazu haben, vom Gewinn zu profitieren. Davon hört man nichts. Vielmehr ist es in unserer Gesellschaftsordnung so – um es ganz deutlich zu sagen –, dass man diese Leute rausschmeissen kann, wie es einem gerade gefällt! Es ergeht ihnen so wie den Pferden in der Landwirtschaft, deren Aufgabe erfüllt ist. Ein Rennpferd kann noch Wert haben (neulich wurde in Amerika so eines für 36 Millionen Dollar verkauft, und wenn ich da einen Vergleich anstellen wollte mit dem Wert eines Arbeiters . . .!), aber ein Arbeitspferd wird heute kaum mehr gebraucht.

Verstehe ich Sie recht, wenn ich dem Gesagten entnehme, dass der Computer wohl die Arbeit übernimmt und dadurch den Arbeiter überflüssig macht, der Arbeiter aber ein Recht darauf hätte, seinen Lohn dennoch zu erhalten?

Ja, genauso ist es. Nur fasse ich es weiter: ich frage mich, wer überhaupt das Recht hat, am Gewinn teilzunehmen, wenn die Produktionsfähigkeit einer ganzen Gesellschaft steigt.

Wir haben so gewisse Sitten wie früher etwa die, dass man einen Hut trug, wenn man ins Freie ging. So eine Sitte ist es auch, dass wir es, wie bereits erwähnt, für selbstverständlich nehmen, dass Leute, die ihr Geld riskieren, auch das Recht haben, an der steigenden Produktivität teilzunehmen. Das erscheint uns so natürlich wie ein Naturgesetz, wie dass ein Ball, wenn er uns aus der Hand gleitet, nicht steigt. Jetzt will ich aber zeigen, dass das eben kein Naturgesetz ist und dass andere Vorstellungen auch möglich sind: Zum Beispiel könnte es sein, dass die *ganze* Gesellschaft Anspruch auf den neuen Wohlstand hat!

Dann frage ich mich: warum ein Mensch unserer Gesellschaft, der seine Fähigkeiten nicht mehr auf dem freien Arbeitsmarkt verkaufen kann, dafür bestraft werden muss? Und nicht nur er selber, sondern auch seine Frau und seine Kinder, indem sie zum Beispiel kein Essen mehr kaufen können. Wenn man das nüchtern betrachtet, ist es der helle Wahnsinn: warum soll ein Arbeiter, der zwanzig Jahre treu seine Arbeit investiert und zum Wohlstand der Gesellschaft nicht wenig beigetragen hat, nun so bestraft werden? Und das, weil irgend jemand ein neues Gerät erfunden hat? Dagegen hat der andere, der sein Geld, das vielleicht schon lange zurückbezahlt ist, riskiert hat, das *Recht* auch weiterhin Gewinne zu empfangen? Soll das ein Naturgesetz sein?

Arbeiter scheinen hinzunehmen, dass es für sie nur eine Frage der Zeit ist, bis sie der technische Fortschritt zur Arbeitslosigkeit und damit zum Hunger verurteilt. Wäre es ihnen aber möglich, den Wert ihrer Arbeit als Investition zu schätzen, dann könnten sie vielleicht manchen technischen Fortschritt mitbestimmen und dessen Folgen geniessen. (2)

Würden Sie selbst den Einsatz computergesteuerter Maschinen bejahen, wenn in einem anderen System die Werte besser verteilt würden?

Ja, vorausgesetzt dass bedacht wird, was man produziert. Wenn es zum Beispiel nur immer wieder Waffen sind oder Luxusgegenstände oder Dinge, wie sie in Amerika beliebt sind: Fernschalter für die Fernsehgeräte und dergleichen, dann wäre ich halt dagegen. Dagegen wäre ich auch, wenn aller Reichtum nur immer in die selben Länder flösse.

Der Nutzen müsste der ganzen Menschheit zugute kommen?

Verschleiert Schulprobleme

Ja. Aber zur Frage, was produziert wird, gehört auch die, wo es sinnvoll sei, Computer zu verwenden. Wenn ich zum Beispiel erklären würde, dass diese für Schulen von Nutzen seien und man sie deshalb dort gebrauchen solle, wäre das falsch: sie sind nur in *den* Schulen von Nutzen, die auch ohne Computer gute Schulen sind, dort also, wo man auch ohne sie lesen und schreiben lernen kann.

Vielleicht sogar denken?

Gewiss, denn ohne Denken kann man auch nicht schreiben. – In Amerika liegt das Schulwesen im argen, vor allem die Schulung von der 1. bis zur 12. Klasse: fast die Hälfte der Schüler, die aus der *High School* (Mittelschule) kommen, sind, was wir *functional illiterates* nennen, also gewissermassen Analphabeten. Sie können wohl schreiben, sogar kurze Sätze bilden, aber einen ganzen Abschnitt in richtigem Englisch – das können sie nicht. Sie verstehen auch kaum, was sie lesen.

Diese Art Schule nenne ich *Minimum Security Prison*, also 'Kleinstsicherheitsgefängnis', weil die Kinder dazu verurteilt sind, täglich und über viele Jahre soundso viele Stunden dort zu verbringen. Lernen tun sie wenig, und wenn man nun in solchen Schulen Computer einführt, dann ist das eine technologische Lösung oder, auf amerikanisch, ein technologischer *Fix*. Die Probleme werden nur verhüllt.

Sie meinen, dass die Probleme dem Computer zugeschoben werden?

Nicht eigentlich, sondern die wirklichen Fragen werden nicht mehr gestellt. Zum Beispiel sagen wir in Amerika: *Johnny can't read,* Hänschen kann nicht lesen, und nun kommt eine Firma, die hat so ein Bildschirmgerät entwickelt mit einer Tastatur usw., und Hänschen wird davor gesetzt, und nach einer Weile sieht man, dass er ein bisschen besser lesen kann als früher, vielleicht sogar einen kleinen Satz, dann sagt man: "Seht her, wie gut wir das gemacht haben!" Aber die Frage, warum Hänschen nicht lesen lernte, ist damit nicht beantwortet: sie wurde verhüllt. Vielleicht hat er bisher nichts gelernt – ich spreche jetzt von amerikanischen Verhältnissen –, weil er, wenn er morgens zur Schule kam, immer Hunger hatte. Und warum er Hunger hatte, wird nun auch nicht mehr gefragt: der Computer hat ja alles erledigt.

Vielleicht ist die Schule, in die der kleine Hans geht, eines dieser Kindergefängnisse, wo sich die Lehrerin, die über 40 Schüler in ihrer Klasse hat, vor den Grossen fürchtet, weil sie gewalttätig sind? (Kürzlich dreh' ich das Radio an und hör' eine Stimme, die sagt: "Unser grösstes Problem ist die Sicherheit." – Aha, denke ich, da geht es um den Kommunismus! Aber nein, es stellt sich heraus, dass der Bürgermeister von Detroit über die Schulen seiner Stadt spricht und über Schutzmassnahmen gegen Gewalt in ihnen.)

So meine ich das mit dem Computer als technologischem Fix: Man fragt nicht mehr, ob die Schule so schlecht sei, weil die Zustände unhaltbar, die Lehrer unterbesoldet (sie verdienen weniger als die Müllabfuhrmänner) und keine Schulmaterialien vorhanden sind. Und warum kein Geld zur Verfügung steht, fragt man auch nicht; man käme sonst auf die Idee, dass es halt für etwas anderes ausgegeben wird, zum Beispiel für das Militär. Und dann sähe man gewisse Zusammenhänge zwischen der Schulpolitik und Politik ganz allgemein oder zwischen Schule und Gesellschaft.

Und darum behaupte ich, dass der Computer in den amerikanischen Schulen die Rolle hat, die eigentlichen Probleme zu verhüllen.

Glauben Sie, das sei die Absicht? Man wolle bewusst die Wahrheit verhüllen?

Ja, so ist es; als der Schrei ertönte: *"Do something!"* – ein typisch amerikanischer Schrei –, wurde gesagt: "Wir machen ja etwas: wir geben euch den Computer."

Und dann kommen weitere 'Märchen' dazu; eines davon ist, dass in unserer Gesellschaft jedermann etwas vom Computer verstehen müsse, sonst sei er nicht auf der Höhe der Zeit. Und das stimmt nicht.

Bei uns macht sich diese Idee auch schon breit. Man kann allenthalben hören, dass man nun im Computerzeitalter lebe und sich deshalb mit dem Computer auseinandersetzen müsse. Im Flugzeug sass ein Mann der Firma NOK (Nordostschweizerische Kraftwerke) neben mir. Er sagte, dass man in den schweizerischen Schulen noch zuwenig in diese neuen Technologien eingeführt werde und dass das ganz dringend sei usw.

Sie wollen billige Arbeiter haben; das ist ganz klar. Über kurz oder lang wird es zuviele Programmierer geben, und dann sind sie billig, und man kann auswählen.

Bei uns sieht es so aus, als ob es zuwenig hätte.

Das stimmt nicht, aber es kann ja sein, dass noch einige Stellen offen sind. Natürlich müsste man sich darüber einigen, was man unter einem Programmierer überhaupt versteht. Die Aussage jedoch, dass man unbedingt vom Computer etwas verstehen müsse, weil er bald über die ganze Erde verbreitet sei, ist falsch: es gibt doch schon sehr viele elektrische Geräte, die gebraucht werden, ohne dass man eine Ahnung davon hätte, wie die Motoren funktionieren. Meist sind diese auch versteckt, so zusagen unsichtbar, so dass es niemandem einfallen würde zu sagen: ich hole den elektrischen Motor, um Staub zu saugen.

So ist es auch mit dem Computer: wenn jemand vor so einem Bildschirm sitzt und tippt und telefoniert, befolgt er einfach, was der Computer ihm aufträgt. Vom Gerät und vom Programmieren versteht er nichts und braucht auch nichts zu verstehen. Es gibt schon jetzt Tausende solcher Anwendungen. (3)

Nutzen für Astronomie und Medizin

Und finden Sie wenigstens einige dieser Anwendungen gut, das heisst zu Nutz und Frommen sozusagen der Menschen?

Sie haben recht, mich das zu fragen. Ich bin auch vorbereitet; denn oft meldet sich nach einem Vortrag jemand aus dem Publikum und sagt: "Nun haben Sie so lange darüber gesprochen, zu welch verheerenden Zwecken der Computer vom Militär gebraucht wird. Können Sie uns nicht wenigstens *ein* Beispiel nennen, wo er Gutes bewirkt hat?" Ich sage dann jeweils, dass ich sogar zwei Beispiele nennen kann: die Radioastronomie ist eines davon. Das ist ein Zweig der Astronomie, den wir dem Computer verdanken. Durch die Radioastronomie haben wir in den letzten zwanzig Jahren mindestens soviel gelernt wie durch die ganze Astronomie zuvor. Das ist sehr wertvoll.

Ich erwähne auch – weil das immer erwähnt wird – den sogenannten *CAT scanner*.

Das ist ein Gerät, bei welchem die Röntgenstrahlen von einem Computer empfangen werden, der damit die kompliziertesten Rechnungen macht. Es entsteht dann ein dreidimensionales Bild irgendeines Organs im menschlichen Körper, so dass man zum Beispiel Tumoren im Gehirn klar sehen und lokalisieren kann. (Es gibt ähnliche Instrumente, die vielleicht noch besser sind, aber dieses wird immer genannt.)

Nun ist das gewiss ein schöner Beitrag an die Heilkunde. Allerdings darf man dabei nicht an den Aufwand denken, der erforderlich war, und zwar nicht nur an Geld, sondern auch an Zeit, Kraft und an menschlichem Talent und Genie. Wenn man da Relationen herstellen wollte zwischen dem amerikanischen Gesundheitswesen ganz allgemein und dem Aufwand für dieses Instrument und seinem Nutzen käme man für das Gerät auf der Liste der Prioritäten vielleicht so auf Platz 97 und nicht etwa auf Platz 1: In Amerika sehen nämlich viele Menschen nie einen Arzt! Und Tausende oder Millionen von Menschen, die auf eine Notfallstation kommen, werden dort so behandelt, dass man es auch 'nicht behandelt' nennen könnte. Und das, weil Amerika eines der zwei hochentwickelten Industrieländer ist, wo die Medizin als reines Geschäft angesehen wird. Das andere Land ist Südafrika.

Die Medizin als soziale Aufgabe gibt es nicht?

Nicht in dem Sinne, dass der Staat die grossen Kosten übernähme.

Wenn man sich das vor Augen hält, müsste man sich eigentlich schämen, ein Instrument wie diesen *CAT scanner* überhaupt hergestellt zu haben.

Dem Computer die Schuld an diesen Zuständen zu geben, wäre falsch. Aber er erlaubt es halt auch hier wieder – wie die ganze Hochtechnik es erlaubt –, die wesentlichen Mängel zu verhüllen.

Was heisst Computer

Was bedeutet eigentlich das Wort 'Computer'? Übersetzt wird es mit: elektronische Rechenmaschine. Dieser Ausdruck wird aber nicht gebraucht; auch wir sprechen immer vom 'Computer'. Bei dem Wort klingt für uns aber etwas anderes mit als zum Beispiel bei dem Wort 'Maschine' oder 'Motor' – etwas Menschliches fast.

Ich will zuerst etwas über dieses Wort in der englischen Sprache sagen: Ein Pionier der Computerwissenschaft war Alan Turing, ein Engländer. Er hat theoretisch schon viel zum Computer, wie es ihn heute gibt, beigetragen. In seinen Schriften erscheint auch bereits das Wort Computer. Wenn nun aber die Studenten heute seine Arbeiten lesen, sind sie immer ein wenig verwirrt: irgend etwas verstehen sie nicht – es liegt daran, dass dort, wenn von einem Computer gesprochen wird, immer ein Mensch gemeint ist, der rechnet. Wenn ich Rechenaufgaben löse, dann rechne ich, und auf englisch würde man sagen: *when l compute, I am computing, and, at the same time, I am a computer.* (Wenn ich Auto fahre, bin ich ein Autofahrer.) Aber heute versteht man das anders: ein Computer ist eine Maschine. Früher hätte man also Computer mit 'Rechner' übersetzen müssen, und heute müsste man noch 'elektronisch' beifügen: elektronischer Rechner also.

In einer Broschüre wurde vom Computer als von einem 'er' gesprochen. Das gefiel Ihnen nicht.

Und früher wäre gerade das richtig gewesen! Und über eine Zeit wird es vielleicht wieder richtig werden! Heute ist der Computer sozusagen ein 'es', ein Gerät nämlich; aber es sind auch schon Ansätze zum 'er' vorhanden: die Anthropomorphose wird immer spürbarer, wenn da zum Beispiel jemand sagt: "Daran hat der Computer Schuld", heisst das, dass man dem Gerät bereits menschliche Eigenschaften zuspricht; das drückt sich aus in der Sprache, und man muss sie ernst nehmen, weil sie uns psychologische Veränderungen oder Veränderungen der Wahrnehmung offenbart. Beispiele dieser Art gibt es manche auch auf anderen Gebieten: ein Schiff ist auf englisch *she* also 'sie', und Gespräche oder Beschreibungen darüber hören sich an, als ob von einer Person gesprochen werde. Ähnlich beim Motorrad oder Auto!

Ich sehe das eher als Ausdruck einer persönli-

chen Beziehung, während der Computer schon an und für sich etwas hat, was wie eigenes Leben erscheint.

Gewiss, aber eine persönliche Beziehung haben viele auch zum Computer, und zwar kann sie so tief reichen, dass man fast von Liebe und Hass sprechen kann. Im übrigen gebe ich Ihnen recht: der Computer wird von vielen als eine Art Lebewesen empfunden, besonders dort, wo man ihn nicht sehen kann, zum Beispiel wenn man etwas kauft und er die Rechnung herstellt. Wichtiger scheint mir jedoch, dass er unsere Sprache bereits verändert hat; er hat sich da so richtig eingeschlichen, ohne dass man es bemerkt hätte, und ist zu einer allgemein gebrauchten Metapher geworden. Und Metaphern brauchen wir auch, um die Welt überhaupt wahrnehmen zu können; sie werden jedoch gefährlich, wenn man nicht mehr weiss, dass es Metaphern sind, das heisst wenn man ihre Herkunft vergisst und sie wörtlich nimmt. Ich kann zum Beispiel sagen, ich sei unter Druck, und niemand stellt sich vor, der Luftdruck sei besonders stark. Das wäre absurd und fällt auch keinem ein. Beim Computer ist das aber gerade der Fall, dass man eine Metapher wörtlich nimmt: Am Anfang der Entwicklung hätte man es noch als Metapher empfunden, wenn jemand gesagt hätte: "Der Computer denkt gerade darüber nach, wieviel 8 und 8 machen." Heute nicht mehr. "Es tut mir leid, unser Computer erlaubt das nicht . . .", hat schon einen andern Klang, und hier fängt es an, dass man ihm tatsächlich Aufgaben überträgt, die nur von Menschen übernommen werden dürften.

Was heisst Programmierer?

Was versteht man unter einem Programmierer?

Die Frage ist schwieriger zu beantworten, als man denken würde: Ein Programm besteht im einfachsten Sinne aus einer Reihe von Befehlen, die der Computer aufnehmen und ausführen kann, zum Beispiel dass eine Magnetbandanlage eingeschaltet oder zwei Zahlen, die da tief innen im Computer stecken, verglichen werden sollen. Der Mensch, der solche Befehle – man könnte sagen: Mikrobefehle – sozusagen erlässt, der sie zum ersten Mal aufschreibt und dann in Lochkarten oder Magnetbänder umsetzt, ist ein Programmierer.

Bedeutend schwieriger wird die Sache, wenn wir an die sogenannten Computersprachen denken, die zu dem Zwecke entwickelt wurden, dem Computer viel kompliziertere Befehle erteilen zu können: Makrobefehle sozusagen, die selbst eine Reihe von Mikrobefehlen auslösen. Zum Beispiel:

Wenn ich einem meiner Studenten sage, er solle jenes bestimmte Buch lesen, dann ist das ein Makrobefehl, der eine Reihe von kleineren Befehlen miteinschliesst: der Student muss sich zuerst das Buch besorgen, dann muss er es aufschlagen, muss darin lesen, den Sinn erfassen usw.

So ist es mit den höheren Computersprachen: sie sind eine Art Systeme, Aufzeichnungssysteme, – auf englisch *notional systems* –, die dem Computer auftragen, was er machen muss. Und diejenigen, die solche Systeme herstellen, sind wiederum Programmierer.

Natürlich ist das alles nicht so einfach, weil es halt die verschiedensten Methoden gibt, dem Computer etwas beizubringen. So kann man bei gewissen Computern den Bildschirm berühren, und dann reagiert er.

In einem gewissen Sinne sind auch diejenigen Programmierer, die zum Beispiel in einem Flugreservationsbüro mittels einer Schreibmaschine dem Computer Informationen geben, auf die er reagieren soll. Die Grenzen zwischen Programmierer und Benutzer sind manchmal fliessend.

Einsatzbereiche

Stimmt es, dass die Computerisierung in den folgenden Gebieten am meisten fortgeschritten ist: in der Wirtschaft, in den Naturwissenschaften und der Medizin, im Staatsapparat und im militärischen Bereich?

Ja, nur lassen sie sich nicht so schön trennen: zum Beispiel hat der Staat auch die Aufgabe, den Staat zu verteidigen; Staat und Militär sind sehr eng verbunden.

Und dann gibt es auch in der Wirtschaft eine Bürokratie, die der Staatsbürokratie ähnlich sieht oder für die das Militär sogar das Muster abgegeben hat.

Es ist also schwierig, die Gebiete klar abzugrenzen. Die Wirtschaft zum Beispiel muss man aufteilen in die Produktion, die Verwaltung und auch noch die Verwaltung der Produktion.

Am Anfang der Computerentwicklung gab es zwei Kategorien: *scientific computation* und *business computation*, also Wissenschaft und Wirtschaft. Es gab auch zwei verschiedene Sprachen: *Scientific* bedeutete damals, mit Zahlen herumspielen, wie zum Beispiel Lösen von Differentialgleichungen durch numerische Methoden. *Business* bedeutete Bestandesaufnahmen und dergleichen. Heute hat sich das alles vermischt. Es stimmt auch, dass gewisse Programme, die eigentlich für das Militär entwickelt wurden, in der Wirtschaft Anwendung gefunden haben: Man dachte eben, es sei schade, dass etwas, was soviel Geld gekostet hat, nicht andernorts auch noch genutzt werden könne! Und es ist ja so, dass viele der grossen Firmen wie General Motors, IBM, Philips, etc. eigentlich Staaten sind und deshalb sehr wohl Programme verwenden können, die es ermöglichen, Tausende und Abertausende von Menschen zu verwalten.

Die Grösse dieser Unternehmen hat allerdings nichts mit dem Computer zu tun.

Nein, sie sind ohne ihn mächtig geworden und sind heute mächtiger als viele Regierungen.

Kein Wunder also, dass sie diese Macht auch verteidigen wollen und ihnen gewisse militärische Methoden dabei gut zustatten kommen. (Es gibt ja auch Industrie-Spione.)

Segen oder Fluch

Wenn man vom 'Segen der Technik' spricht, darf man da den Computer miteinbeziehen?

Ja, gewiss. Die Technik kann ja ein Segen sein, zum Beispiel die Eisenbahn, das Flugzeug usw. Für viele Menschen in unserer Welt bedeutet sie tatsächlich, dass sie nicht hart arbeiten müssen und nicht von Mühsalen oder Hunger geplagt werden, sondern so dahinleben können ohne Leid (und vielleicht auch Lust). In früheren Zeiten hätten sie es wahrscheinlich schwerer gehabt; vor zwei-, drei- oder vierhundert Jahren konnten es sich nur die reichsten Leute leisten, sich zum Beispiel mit einem Buch hinzusetzen. (Von denen, die es sich heute leisten könnten, setzen sich zwar manche nie mit einem Buch hin; höchstens setzen sie sich vor den Fernseh-Apparat oder hinter die Flasche und verträumen so die Zeit.)

Nun möchte ich aber die Welt mit einem Flugzeug vergleichen: es gibt drei Abteile darin, wobei das erste gross ist und den Passagieren bequem Platz bietet, so dass sie nicht aneinanderstossen, das zweite (man nennt es *business class*) etwas weniger bequem, aber immer noch ziemlich gemütlich ist, das dritte hingegen so vollbepackt mit Passagieren, dass kein Platz zum Aufstehen mehr vorhanden ist. Dieses Abteil ist ganz hinten im Flugzeug, und die Leute dort werden fast maschinell gefüttert, und auf einem langen Flug wird ihnen ein Film vorgeführt, den sie einfach anschauen müssen, auch wenn es ein dummer Film ist. – Und das wäre nun also das Modell der modernen Gesellschaft: da gibt es Menschen, die sehr gut essen, schön wohnen und kaum einmal eingepfercht werden in einen engen Raum – ausser vielleicht in einen Fahrstuhl –, und es gibt andere, die noch recht essen und anständig wohnen, und dann gibt es die grossen Massen – besonders auch in der Dritten Welt –, die ganz anders leben müssen.

Eigentümlich ist nun, dass im Flugzeug diese verschiedenen Abteile nur durch Gardinen voneinander getrennt sind und es den Drittklasspassagieren nicht einfällt, die Erstklasspassagiere etwa zu stören!

Und so ist es in der freien Welt: es ist bislang den Menschen der Dritten Welt – auch denen, die zum Beispiel in Amerika in der Dritten Welt leben, in Armut und Elend nämlich – nicht eingefallen, die Gardinen einfach wegzureissen und die guten Plätze einzunehmen.

Wenn es scheint, als hätte ich mich weit entfernt von der Frage, ob Wissenschaft und Technik ein Segen für die Menschheit seien, so ist zumindest das, was für die einen Glück bedeutet, für die anderen ein grosses Unglück. Und bald könnte es geschehen, dass der Segen sich auch für die, die ihn jetzt noch als Segen spüren, zum Unheil wendet.

Und die moderne Technik trüge die Mitschuld an diesem Unheil?

Sie hat es möglich gemacht, die Erde so auszubeuten, wie wir das heute tun. Solange nun noch etwas da ist, was man ausbeuten kann, zeigt sich alles im besten Licht. Aber bald ist nichts mehr da! Wenn wir zum Beispiel an das Erdöl denken, von dem so viel unseres 'Segens' herrührt, zum Beispiel dass ich bequem von New York nach Boston fahren kann – entweder per Auto, per Eisenbahn oder per Flugzeug –, da kann es gar nicht mehr lange dauern, bis alles verbraucht ist. Dabei wurde es erst zu Anfang unseres Jahrhunderts gefunden, und zwar von wenigen Menschen – das muss man betonen –; aber diese wenigen haben, nachdem sie sozusagen einen Strohhalm in die Erde steckten, so heftig daran gesogen, dass nach knapp hundert Jahren kaum mehr ein Tropfen Öl übrig bleibt.

Erwähnen muss man noch, dass die Dritte Welt (im oben beschriebenen Sinne) an dem gefundenen Segen nicht teilnehmen durfte: sie hatte weder das Geld für all die Geräte, die vom Öl abhängen, noch für das Öl als Treibstoff. Mittlerweile aber, da diese Quellen am Versiegen sind, ist die ganze Wirtschaft der Welt auf dieses Öl hin umgestaltet worden. Und mit ihr auch das gesamte Transportwesen, so dass zum Beispiel die Städte in Amerika zu weit auseinanderliegen und ein Austausch so wie heute nicht mehr möglich sein würde, wenn diese Energie ausbliebe.

Sind wir nicht daran, neue Energien zu finden?

Vielleicht wird man noch rechtzeitig neue finden, vielleicht aber auch nicht. Zum Verwundern ist doch, dass es nie jemandem eingefallen wäre zu sagen: "Einen Augenblick bitte! Wir wollen uns einmal überlegen, wieviel Öl wir da aus der Erde herausholen sollen, wie schnell oder langsam, und wozu wir es verwenden wollen, wie es verteilen und wie aufheben." Nun ist schon bald alles verbraucht und keine andere Energie gefunden worden, die jene ersetzen könnte. Vielleicht dass noch jemand entdeckt, wie man Sonnenstrahlen ergiebiger nutzen kann.

Wie dem auch sei, mich dünkt es nicht das Wesentlichste: Wissenschaft und Technik haben es uns ermöglicht, die Luft und die Wasser der Welt zu vergiften. Das steht einem vor Augen, wenn man heute an diesen 'Segen der Technik' denkt. Vor mehr als zwanzig Jahren schon sagte Kapitän Jacques Cousteau, dass man in der Antarktis nicht ein einziges Pinguin-Ei finden könne, das nicht Spuren von DDT aufweise. Das bedeutet, dass dieses Gift bei seiner 'Reise um die Welt' schon in die feinsten Teilchen der Lebewesen eingedrungen ist, und zwar überall.

Das ist das Erbe, das wir unseren Kindern hinterlassen.

Ich habe soeben festgestellt, dass hier in Boston Trinkwasser verkauft wird?

Ja, wir kaufen jetzt unser Wasser. Vor zwei bis drei Wochen erhielt jeder Bürger von Cambridge einen Brief des Inhalts, das Wasser der Stadt sei nicht ganz und gar vergiftet, aber immerhin so giftig, dass man es abkochen müsse vor dem Trinken. Nun sind wir zwar keine reichen Leute, aber doch zumindest jenen Zweitklasspassagieren zugehörig, die es sich leisten können, Wasser zu kaufen. Natürlich werden die armen Leute wieder einmal als erste vergiftet, und ich frage mich auch hier, wann sie endlich diese Gardinen zerreissen. Als vernünftiger oder, vielleicht besser, religiöser Mensch müsste man hoffen, dass sie es tun.

Sie glauben, man sollte darauf hoffen, dass die Armen nicht alles mehr hinnehmen?

Ja.

Doch zurück zur Frage des 'Segens'! Wenn wir die Tatsache, dass wir die Erde nicht nur ausgebeutet, sondern auch noch vergiftet haben, den Triumphen der Wissenschaft, zum Beispiel dem, dass wir es bis auf den Mond gebracht haben, gegenüberstellen, dann sieht es mit dem 'Segen' erbärmlich aus: der Stand der Dinge ist ganz einfach der, dass binnen kurzem ein Weiterleben unmöglich ist. Und zwar wegen der Vergiftung der Natur, und nicht etwa wegen der Atombombe oder gar der Atomenergie!

Im Dienst des Militärs

Jetzt möchte ich noch etwas erwähnen, was mich selbst auf eine Frage gebracht hat: Die *moderne* Wissenschaft, die mit Newton anfängt, ist ungefähr 300 Jahre alt. Schon in ihren allerersten Anfängen hat sie immer denen, die sie unterstützten, einen Nutzen aus der Forschung versprochen. Das war bei Francis Bacon und seiner Schule schon so. Eine Wissenschaft um der Wissenschaft willen *(science for science' sake)* hat es in der modernen Wissenschaft nie gegeben. (Ich spreche nicht von einzelnen; die gab es immer.) Bemerkenswert ist nun, dass von Anbeginn es immer das Militär war, das die Wissenschaft am meisten unterstützt hat, und noch bemerkenswerter, dass viele Forscher die Früchte ihrer Arbeit freiwillig und sogar mit Freude diesen Fördern überreichten: man denke zum Beispiel an die deutschen Chemiker im Ersten Weltkrieg – darunter manche Juden –, die zum ersten Mal für die Armee Giftgas herstellten.

Nun zur Frage: Wenn die Wissenschaft also immer im Dienst des Militärs gestanden hat – ich sage nicht, ausschlieslich im Dienst des Militärs –, wie hätte sich eine Wissenschaft entwickelt, die von einer ganz anderen, einer nichtkriegerischen Gesellschaft also, abhängig gewesen wäre? Hätte man sie wohl auch als menschenfeindlich bezeichnen können?

Sie bezeichnen also die Wissenschaft als menschenfeindlich?

Die Entscheidung darüber, ob sie menschenfeindlich ist und war, kann erst in den letzten Mikrosekunden gefällt werden, dann, wenn man die Atomwolke sieht und weiss, dass man nur noch eine Millisekunde zu denken und zu leben hat.

Aber ich möchte behaupten, dass eine andere Art Wissenschaft möglich wäre, eine nämlich, die ihren Antrieb nicht in der Gier und ihr Ziel nicht in der Massenvernichtung hätte. Es gäbe diese Möglichkeit – aber nicht in unserer Gesellschaft. Es ist deshalb falsch, immer nur die Wissenschaft anzuklagen. Ich würde sogar sagen, diese Wissenschaft, so wie wir sie haben, hat sich nur gerade in unserer Gesellschaft, so wie sie ist, entwickeln können. Und vielleicht ist also die Wissenschaft an sich nicht ganz und gar menschenfeindlich. Jedenfalls habe ich schon versucht, mir eine andere Art Wissenschaft vorzustellen, und dabei gesehen, dass das sehr schwierig ist. Als ich einmal in einem Seminar in Berlin den Studenten die Aufgabe stellte, sich eine Welt vorzustellen, in der es keine Kriege gäbe, und sich dann zu überlegen, wie sich in einer solchen Welt die Wissenschaft entwickeln würde, stellte sich heraus, dass man beim ersten Teil der Aufgabe stehenbleiben musste: eine Welt ohne Krieg konnte sich niemand vorstellen. Das zeigt doch schon, dass nicht nur die Luft, das Wasser und die Wälder vergiftet sind, sondern wir selbst sind irgendwie vergiftet.

Ich habe mich schon gefragt, ob es mit Hilfe des Computers möglich wäre, die Güter der Erde gerechter zu verteilen und dadurch Krieg zu verhindern?

Sie fragen mich, ob ein Computerprogramm geschaffen werden könnte, mit dessen Hilfe der Frieden ohne Waffen möglich würde?

Ja, man braucht doch den Computer zum Waffenlenken und zu weiss was noch allem. Die Aussagen über die Grenzen des Wachstums wären ohne ihn doch auch nicht möglich gewesen.

Doch, sie wären nicht nur, sondern sie waren möglich: die These von Forester und Meadows ist ohne Computer entstanden. Im übrigen waren ihre Aussagen hinsichtlich des Computermodells eigentlich nicht überraschend: das gleiche haben einige schon viel früher gesagt, zum Beispiel Willy Brandt. Es ist eben so, dass alles, was nicht als wissenschaftlich gilt, heute einfach nicht gehört wird.

Aber zurück zu Ihrer Frage, ob ein Computerprogramm entwickelt werden könnte, mit dessen Hilfe Eintracht und Harmonie gestiftet würde auf Erden. Es ist eine Frage, die ich in der einen oder anderen Form immer wieder höre und die mir sehr missfällt: sie schliesst ein, dass Moralität und Gerechtigkeit errechenbar seien. Vielleicht ist es aber gerade so schlecht um sie bestellt in unserer Welt, weil man der Wissenschaft und deren Experten zuviel vertraut. Moralität und Gerechtigkeit ist halt mit Mathematik nicht beizukommen: man muss sie leben. Und wie man sie leben muss, das lehren uns die Religionen. Ich denke an die Bergpredigt, und dann weiss ich, dass es von keiner Forschung und auch keiner Mathematik irgendwelcher Art abhängt, Gerechtigkeit, Harmonie und Friede herbeizuführen.

Die Wissenschaft hätte hier also gar keine Aufgabe?

Die moderne Wissenschaft auf jeden Fall nicht, und ganz sicher hat auch der Computer damit nichts zu tun. Wir brauchen ihn auch gar nicht, um zu wissen, wie wir uns verhalten sollten. Wir wissen es schon lange. Wir können es in den Schriften der Weltreligionen nachlesen, wie wir denken und handeln müssen, um in Frieden miteinander leben zu können.

Es verhält sich mit dieser Sache so, als ob wir einen Brief im Briefkasten an der Türe liegen hätten, auf dessen Umschlag stünde, dass darin ein Rezept für einen Käsekuchen enthalten sei. Anstatt nun einfach nachzuschauen, wie der Kuchen gemacht werden muss, welche Anweisungen zu befolgen sind usw., versuchen wir, die Wissenschaft um Rat anzugehen – und das, obwohl wir wissen, was im Brief steht und wo er liegt.

Darf ich hierzu noch einen Witz erzählen? – Vor einer Bäckerei in Moskau stehen die

Leute Schlange. Das Brot ist knapp. Da sagt einer, der auch ansteht, zum andern: “Wir warten hier so lange, weil die Ernte schlecht war letztes Jahr. Und weisst Du auch, wer an dieser schlechten Ernte die Schuld hat?” – “Ich weiss es nicht”, sagt der andere. – “Es sind die Juden und die Radfahrer.” – “Warum die Radfahrer?” – Sagt der andere: “Warum die Juden?”

“Wo ist die Lösung der Rätsel der Welt zu finden?” – “Im Kalender oder im Computer.” – “Wieso im Kalender?” – “Wieso im Computer?”

Mit dem Frieden hat der Computer nichts zu tun, und ich wüsste auch von keinem anderen Gerät, das uns da beistehen könnte.

In diesem Zusammenhang muss ich zwar erwähnen, dass es Leute gibt – zum Beispiel Seymor Papert an meiner Universität, den Erfinder von LOGO –, die behaupten, die verschiedenen Versuche einer rationalen und menschenfreundlichen Erziehung, zum Beispiel die von John Dewey und Maria Montessori, seien nur deshalb gescheitert, weil die technischen Grundlagen dazu noch gefehlt hätten. Das bedeutet, dass viele schon glauben, Geräte wie der Computer seien unentbehrlich auch auf ethischem Gebiet.

Man spricht heute davon, dass der Computer die Arbeit wegrationalisiere: was für Folgen zieht das für unsere Gesellschaft nach sich?

Gewisse Menschen denken, dass die Sklaverei

und die Armut ein Ende haben und alle wie Könige leben werden, wenn der Mensch einmal von der Arbeit erlöst wäre.

Arbeitslosigkeit

Aber es stimmt, dass immer mehr Arbeit wegrationalisiert wird: Spinnereien zum Beispiel sind heute schon vollautomatisiert. Schon zur Zeit der industriellen Revolution hat die Maschine viel schwere Arbeit übernommen und manchen Menschen dadurch das Dasein erleichtert. Aber gerade in dieser Zeit entstand nun eine ganz neue Art von Sklaverei und Elend: man denke zum Beispiel an Manchester um 1840 oder an die Beschreibungen von Charles Dickens!

Chaplin führt uns dieses Elend auch vor in seinen Filmen.

Fritz Langs 'Metropolis' zeigt uns viel besser, was für eine neue Art Sklaverei da entstanden ist (und auch noch entstehen könnte, denn der Roboter ist darin schon vorweggenommen).

Wenn schon die Maschine im Sinne der industriellen Revolution die Menschen von Arbeit entlastet, zu was für Hoffnungen berechtigt uns dann erst der Computer! Vor nicht allzulanger Zeit waren in Amerika noch 40% der Arbeiter in der Landwirtschaft beschäftigt; heute, wo viel mehr Weizen usw. produziert wird, sind es nur noch 2 bis 3%. Die Arbeiter auf dem Land sind also sozusagen wegrationalisiert worden: sie arbeiten jetzt in Fabriken und stellen Autos her und andere Güter. Und nun sehen wir, dass wieder eine Art industrieller Revolution ausgebrochen ist, indem nämlich in absehbarer Zukunft, in 20, 25 oder 50 Jahren vielleicht, nur noch ganz wenige Menschen – ein Zehntel etwa – mit der Produktion von Gütern beschäftigt sein werden, ohne dass dabei weniger produziert würde.

Zukunftsperspektiven, die der Computer möglich macht?

Ja, und jetzt, wo wir diese – ich würde sagen – luxuriöse Situation erwarten dürfen, quält uns wieder die Angst vor der Arbeitslosigkeit!

Und was bedeutet das? – Zum ersten würde ich behaupten, dass die Arbeitslosigkeit wenig oder gar nichts mit dem Computer zu tun hat: er zwingt uns nur, die Frage sozusagen auf den Tisch des Hauses zu legen. Als Beispiel für meine Behauptung nehme ich die Vereinigten Staaten, weil ich mich da auskenne: Die Eisenbahn als Transportmittel ist in den USA völlig ruiniert; ständig ereignet sich da irgendwo ein Unglück, die Züge entgleisen usw., und so etwas wie einen Fahrplan, auf den man sich verlassen könnte, gibt es nur in der Vorstellung. Und vor 50 Jahren gab es ein ausgezeichnetes Eisenbahnnetz in Amerika und eine Eisenbahn, die vorzüglich funktionierte. Aber nicht nur die Bahn, sondern das ganze öffentliche Transportsystem ist ruiniert, besonders in den Städten: ohne Auto ist man verloren. Ich erwähne das, weil die Arbeitslosigkeit in Amerika gross ist und weil es doch an Arbeit nicht fehlen würde! Und das war jetzt nur *ein* Gebiet, und ich kann mehrere nennen, um die es nicht besser steht: zum Beispiel das Schulwesen oder die Medizin. Es gibt gar keine Arbeitslosigkeit bei uns; aber es gibt eine *Job*losigkeit. Das ist etwas ganz anderes!

Wenn man nun sagt, der Computer stifte eine Art zweite industrielle Revolution, indem er fast alle schwere und sinnlose Arbeit übernehme, so dass die Menschen bald gänzlich von ihr befreit seien, dann, so behaupte ich, stimmen die Spielregeln unserer Gesellschaft nicht mehr, die da heissen: wenn einer nicht arbeitet, darf er nicht essen. Und auch die andere Regel nicht, dass man mit blossem Geld das Recht hat, Geld zu verdienen (wenn sie je schon gestimmt hat!). Der Computer gibt uns tatsächlich die Möglichkeit, der schweren und sinnlosen Arbeit ledig zu werden; aber die neuen Regeln sind noch nicht aufgestellt, die Neuordnung der Gesellschaft ist nicht geschaffen.

Das wäre das erste. Zum zweiten beschäftigt mich die Frage, ob all diese Menschen, die entlassen werden – und zwar auch ohne dass sie 'bestraft' würden, so dass sie sich und ihre Familien nicht mehr ernähren können –, mit der freien Zeit, die sie zur Verfügung haben, etwas anfangen können?

Ich glaube es nicht – jedenfalls nicht hier in Amerika. Ich glaube sogar, dass es eine Katastrophe wäre: die meisten Menschen hier können es sich nicht leisten, auch nur für ein paar Stunden sich selbst überlassen zu sein; sie ermangeln der inneren Ressourcen, um auch nur mit einer 'Pause' fertig zu werden: sie hängen am Busen der Unterhaltungsindustrie, als ob sie dauernd gestillt werden müssten. Und dabei ist das, was da geboten wird, der blühendste Blödsinn.

Sie glauben also, dass die Menschen nicht stark genug sind, um ein Leben ohne Arbeit überhaupt zu ertragen?

Ich weiss nicht, ob man es so ausdrücken kann. Auf jeden Fall genügt es nicht, Arbeit durch Unterhaltung zu ersetzen. Vielleicht hat es mehr mit dem zu tun, was wir uns unter Arbeit vorstellen und dass das, was wir uns vorstellen, der Änderung bedarf. Wenn einer also sagte: "Jedem nach seinem Bedarf oder nach seiner Fähigkeit", müsste man eher sagen: "Danach, wie er seine Fähigkeit zu nutzen versteht, oder danach, wie es ihm ein Bedürfnis ist, etwas zu tun." Wenn ich also Mathematiker bin und wirklich das Bedürfnis habe, Mathematik auch zu betreiben, sollte die Gesellschaft so beschaffen sein, dass ich dieses Bedürfnis befriedigen und dabei leben kann. Desgleichen, wenn ich halt das Bedürfnis habe, Musik zu hören. Das nebenbei, denn eigentlich wollte ich nur sagen, dass das blosse Erlösen von der Arbeit – so wie wir Arbeit heute verstehen – den Menschen nie genügen kann.

Auf die Computerwissenschaft zurückkommend, die ja, wie Sie ausgeführt haben, vorwiegend vom Militär gefördert wird, nehme ich an, dass das Militär bestimmt, wie die Entwicklung weitergehen soll?

So ist es.

Wieweit hängt die Wissenschaft im allgemeinen und die Computertechnologie im besonderen vom Militär ab, und wie sehr könnte sich dadurch die Kriegsgefahr erhöhen, statt dass sie eingedämmt wird?

In Amerika besteht kein Zweifel darüber, dass der weitaus grösste Teil der Forschung und Entwicklung im Computerbereich vom Militär finanziert wird, und es wird einem jungen Computerwissenschaftler schwerfallen, ein Forschungsprojekt für seine Doktorarbeit zu finden, das mit dem Militär nichts zu tun hat. Er ist also schon sozusagen in den Lehrjahren mit dieser Behörde verbunden, und so wird ihm diese Verbindung auch später als ganz normal erscheinen. Wenn er während der Semesterferien einen Job haben möchte, wo er sein Talent als Computerfachmann unter Beweis stellen kann, so sind sehr viele Firmen bereit, ihn aufzunehmen. Aber meist sind es Firmen, die im Gebiet *Defense Work* tätig sind. Das Wort ist Schönrednerei, denn eigentlich handelt es sich bei dieser sogenannten

'Verteidigungsarbeit' um die Herstellung von Geräten, die zum Töten bestimmt sind.

Die Verbindung mit dem Militär ist in der amerikanischen Computerwissenschaft also fast unwillkürlich.

Was die Frage der Kriegsgefahr anbelangt, möchte ich das Rad der Geschichte zurückdrehen bis in das Jahr 1948: das war die Zeit, in der sich Amerika auf die Abwehr russischer Luftangriffe vorbereitete. Nördlich von Kanada wurden Radarstationen gebaut, um Flugzeuge abfangen zu können, bevor sie den amerikanischen Grenzen überhaupt nahe kämen. Natürlich wurden hier sogleich Computer eingesetzt, die die Signale aussortieren und weitergeben mussten, und von da an nahm die Entwicklung einen steilen Verlauf: die neuen Computer sind viel kleiner, viel schneller und viel leistungsfähiger als die älteren. Mit ihrer Hilfe konnten nun Kriegsgeräte hergestellt werden, die technisch immer mehr verfeinert und dadurch in ihrem Wirkungsvermögen ungeheuer gesteigert wurden, zum Beispiel zur Steuerung von Raketen usw. Die Russen standen nicht nach in diesem Gebiet, und mit jeder Stufe der Verbesserung dieser militärischen Geräte wuchs auch ihre Gefährlichkeit für die Welt. Heute sind wir in der Lage, mit den Raketen, die da in der Bundesrepublik darauf warten, abgefeuert zu werden, in wenigen Minuten grosse Teile Russlands zu vernichten. Natürlich wissen das die Russen, und wir wissen hingegen, dass mit den Raketen der russischen U-Boote, die sich vor unseren Küsten bewegen, unsere Städte New York, Chicago, Washington, Detroit und, an der Westküste, San Francisco, Los Angeles über Nacht zum Verschwinden gebracht werden können. So schnell kann das alles geschehen, dass uns nicht ein Augenblick Bedenkzeit mehr bleibt: aus technischen Gründen kann es eine Pause gar nicht geben!

Und dabei habe ich nun noch nichts darüber gesagt, ob diese Geräte unseren Befehlen auch sicher gehorchen!

Fehlentscheide

Das ist es gerade, wonach ich Sie fragen wollte: Man sagt, der Computer selbst könne einen Fehlentscheid treffen und dadurch automatisch den Krieg auslösen?

Es ist durchaus möglich, dass so etwas geschehen könnte. Zum Beispiel brach vor vier oder fünf Jahren in einem der Silos, wo die für Russland bestimmten Minuteman-Raketen stehen, ein grosses Feuer aus. Glücklicherweise wurde dabei der nukleare Sprengkörper nicht ausgelöst, und es gab auch keine Streuung von radioaktivem Material. In diesem Fall nicht! Aber wo lag die Ursache des Feuers? Hatte der Computer selbst einen Fehler gemacht? – Ich weiss es nicht, und vielleicht weiss es niemand. Jedenfalls fand man später einen Hammer mit Schraubenschlüssel im Silo. Jemand musste ihn fallengelassen haben. Man vermutete nun, das Werkzeug habe beim Fallen eine Sicherung berührt und ausgelöst, so dass dann das Feuer ausgebrochen sei. Wie dem auch sei, die 'absolute Sicherheit' gibt es nicht: selbst wenn ein Computer immer wieder von zwei anderen Computern überwacht wird, kann ein Mensch kommen und einen Hammer fallenlassen! Wenn also Tausende solcher Raketen in der Welt herumstehen, muss man annehmen; je grösser die Zahl, desto höher auch die Gefahr, dass Fehler vorkommen.

In Amerika sterben jährlich etwa 50 000 Menschen durch das Automobil und ungefähr eine halbe Million werden schwerverletzt. Im ganzen Vietnamkrieg sind nicht so viele amerikanische Soldaten getötet worden. Nun werden laufend Kampagnen gemacht, wie Unglücksfälle zu vermeiden seien: man solle vorsichtiger sein, langsamer fahren, sich nicht betrinken usw. Es gibt Ampeln, und es gibt die Polizei! Aber mit soundsovielen Autos ist die Gewähr dafür einfach gegeben, dass 50 000 Menschen sterben werden. Und ganz gleich verhält es sich mit diesen Raketen.

Mit dem Unterschied, dass die Welt dabei zugrundegeht?

Undurchschaubar

Ja, und man muss noch erwähnen, dass die Technologie heute so raffiniert ist, dass man sie nicht mehr beherrschen kann. Ich spreche jetzt ein Geheimnis aus, das immer noch eine Art offenes Geheimnis ist, obgleich ich selbst es schon oft verraten habe, nämlich dass viele der grösseren Computersysteme, die in der Welt tatsächlich funktionieren, undurchschaubar sind. Ich meine damit diejenigen, die im Militär, im Staat oder in der Wirtschaft schon lange genutzt werden. Ich meine nicht, dass niemand etwas davon versteht. Aber ganz und gar durchschauen kann man sie nicht mehr. (5)

Sind sich die Computerwissenschaftler darüber einig?

Auf jeden Fall ist noch nie einer gekommen, wann immer ich das gesagt oder geschrieben habe, der gesagt hätte: “Das ist doch Unsinn!” Zum Beispiel war da vor etwa vier Jahren eine Tagung an der Universität Hamburg zu Ehren von Konrad Zuse, dem deutschen Erfinder des Computers. Unter den geladenen Gästen befand sich alles, was Rang und Namen hatte in der Hamburger Computerwelt. Als ich nun nach meiner Aussage, dass diese Systeme undurchschaubar seien, fragte, ob jemand da sei, der das bestreiten wolle, erhob sich im Hörsaal nicht eine einzige Hand. Als ich aber im umgekehrten Sinne die Frage wiederholte, nämlich, ob das, was ich gesagt hätte, wahr sei, hoben alle die Hand.

Das ist gewiss ein Beweis dafür, dass die Fachleute sich dieser erschreckenden Tatsache bewusst sind.

Ein Umstand, der einen zutiefst erschrecken muss!

In vielen Fällen mag es ja noch angehen zu sagen: “Es tut uns leid, aber unser Computer versagt den Dienst!” Noch lange nicht immer ist es eine Frage auf Leben und Tod – und noch lange nicht immer auf Leben und Tod der ganzen Welt! Immerhin kann man es verstehen, dass sich jemand schon Gedanken darüber macht, was denn geschehen würde, wenn nun zum Beispiel das Flugbuchungssystem zusammenbräche? – Die Abhilfe, die da geschaffen würde, wäre sozusagen eine psychologische, indem nämlich diese Systeme ganz allgemein irgendwie als lebendige Wesen betrachtet werden, die man nicht ganz und gar aus ihrem Grunde verstehen kann. Demzufolge wird man auch nicht versuchen, die Ursache ausfindig zu machen, sondern vielmehr dem Schaden wehren, indem man einen Flicken aufsetzt. In die Computersprache übersetzt heisst das, dass man, ohne den eigentlichen Fehler zu beheben, die Schwierigkeit einfach dadurch überwindet, dass man ein neues Programmstückchen einschreibt. Und so werden die Systeme immer komplizierter und immer undurchschaubarer.

Der naive Leser wird nun denken, dass doch gewiss derjenige, der das Programm eingeschrieben hat, das System verstehe? – Dem ist nicht so, weil es diesen einen nicht gibt: vielleicht sind es zehn, zwanzig oder hundert Programmierer, die an diesem System schon gearbeitet haben, und zwar zu verschiedenen Zeiten und an verschiedenen Orten, so dass keiner weiss, was der andere gemacht hat. So etwas wie eine strenge Architektur, an die man sich halten könnte, ist gar nicht vorhanden. Am ehesten könnte man da noch einen Vergleich mit den Hütten in Rio de Janeiro anstellen.

Sie denken an die Favelas?

Ja, die hängen so an- und übereinander in wirrem Durcheinander.

Das heisst also, dass man die Systeme als chaotisch bezeichnen muss?

Ja, und ich werde meine Behauptung auch noch mit einem Zitat unterstreichen. Vor zwei oder drei Jahren erschien in der *New York Times* ein Artikel mit der Überschrift: *Pentagon Calls its Computer 'A Disaster'*, das heisst "Das Pentagon nennt seinen Computer eine (wahre) Katastrophe". Es wird nun ausgeführt, dass sich das sogenannte Wimex System *(World Wide Military Command and Control System)*, anlässlich des Mordes an einer amerikanischen Sekte in Guyana als absolut untauglich erwiesen hat. Der Fehler seien so viele gewesen, dass man vom Gebrauch des Systems habe Abstand nehmen müssen; obwohl es doch dazu bestimmt wäre, Flugzeuge zu entsenden, die Lage zu beurteilen, ärztliche Hilfe zu schicken etc. Die Sache habe sich so ausgenommen, wie wenn an einem Flugkartenschalter alle Computer versagten. Das ganze Projekt sei eine wahre Katastrophe und eher darauf angelegt, die Kräfte zur Überwindung einer Krise zu lähmen statt sie zu stärken.

Das ganze System wäre demnach bei einer Krise unbrauchbar? – Eine hoffnungslose Aussicht!

Ja, es ist eine hoffnungslose Aussicht.

Und dabei fällt mir gerade ein, dass der deutsche Verteidigungsminister Wörner, als er im sogenannten Heissen Herbst aus Amerika zurückkehrte, seine Deutschen beruhigte und sagte, dass die Idee, der Atomkrieg könne durch einen Computerfehler ausgelöst werden, absolut unsinnig sei, weil es so viele Kontrollstellen gebe.

Die Aussage erinnert mich an diejenige über die 'Titanic', nämlich, dass sie unversenkbar sei. Und schon auf ihrer ersten Fahrt ist sie gesunken. – Vielleicht ist sie der Arroganz der Aussage wegen gesunken! Von Hermann Göring ist uns auch etwas derartiges überliefert; er sagte, keine einzige Bombe werde auf deutschen Boden fallen! Es gibt noch mehr Versprechungen dieser Art, zum Beispiel diejenigen des amerikanischen Militärs über die Atomversuche, die absolut unschädlich seien. Beim Wort 'absolut' sollte man sowieso immer aufhorchen.

Die absolute Sicherheit ...

... die es halt in der Welt nicht gibt: sogar von diesem Haus kann ich nicht mit absoluter Sicherheit wissen, ob es nicht in den nächsten zehn Sekunden über uns zusammenfallen wird.

Aber in unserm Fall ist von absoluter Sicherheit überhaupt nicht die Rede: wir sprechen davon, dass durch einen Computerfehler eine Katastrophe verursacht werden könne. Und diese Möglichkeit besteht wirklich; es wäre einfach Unsinn zu sagen, dass es sie nicht geben könne. Mensch und Maschine arbeiten doch hier zusammen, und Menschen machen Fehler. Selbst zwei Piloten können nicht die Gewähr dafür bieten, dass ihr Flugzeug nicht abstürzt. Und wenn sich zum Beispiel im Flugbetrieb über lange Zeit kein Unglück ereignet – seit 30 Jahren hat beim transatlantischen Flug kein einziger Passagier sein Leben verloren –, dann heisst das nicht, dass ein Flugzeug, noch während ich das sage, nicht ins Meer stürzen kann.

Macht der Computer

Wenn ich nun noch eine ganz andere Frage stellen darf, und zwar hinsichtlich der zukünftigen Entwicklung des Computers: was für Möglichkeiten zeichnen sich ab, und welche Gefahren sind damit verbunden?

Wenn ich Sie recht verstehe, denken Sie bei

diesen Gefahren vor allem an die Macht, die der Computer ausüben kann. Dass aber etwas Macht hat, hängt davon ab, dass wir ihm diese Macht zuschreiben, an seine Mächtigkeit glauben! Wenn wir zum Beispiel an die Gestapo im Dritten Reich denken und uns fragen, woher ihre Macht rührte, so wird klar, dass das Volk selbst sie ihr gegeben hat: hätten sie sich nicht so sehr vor dieser Geheimen Staatspolizei gefürchtet und gerade durch diese Furcht die Macht eigentlich anerkannt, wäre sie nicht zu diesem Schrecken geworden.

Genauso wird auch ein Zauberer oder Hochstapler nur wirklich Macht erlangen, wenn man ihm diese Macht zutraut, an ihn glaubt.

Nicht anders mit dem Computer: wenn wir glauben, er habe Intelligenz und Macht, bekommt er beides!

In Amerika sind wir schon soweit, dass wir ihm Sinne zuerkennen und auch glauben, er könne denken und menschliche Probleme lösen. Es ist zum Beispiel schon üblich geworden zu sagen: “Frag doch den Computer!” oder: “Was sagt der Computer dazu?” Und dies, wenn es um Schwierigkeiten geht, wie sie mit dem Partner oder den Kindern auftreten. Natürlich ist das noch nicht bitterernst gemeint, aber immerhin, der Realität kommt es schon gefährlich nahe. Zum Beispiel glauben auch viele – und nicht nur einfältige Menschen, sondern kluge und gelehrte –, dass der Computer das Problem der Armut in der Welt lösen könne! Sie meinen, wenn es gelungen sei, einen Mann auf den Mond zu schicken und ihn von dort wieder herunterzuholen, sei es ein Leichtes, mit der Not auf Erden fertig zu werden. Und weil die Technik und der Computer schon so viele Wunder vollbracht haben, ist die Bewunderung für ihn nun in Glauben umgeschlagen. Vielleicht ist dem Glauben aber auch noch Resignation beigemengt, nämlich ein Gefühl, dass das, was durch die Technik komme, einfach unaufhaltsam sei: sie sprechen darüber wie über das Klima.

Sie betrachten die Zukunft der Technik als etwas, dem man nicht ausweichen kann?

Ja. Wenn uns ein Klimatologe sagte, dass in 750 Jahren eine neue Eiszeit anbreche, würde es niemandem einfallen zu sagen: "Ach, das wollen wir nicht, und deswegen werden wir das abwenden!" Wenn die Eiszeit kommt, dann kommt sie eben; da ist nichts zu machen, höchstens, dass wir heute in der Lage wären, die Welt noch vorher zu zerstören.

Diese gleiche Haltung haben die Menschen gegenüber der Technik, vorab gegenüber der Computer-Technik: sie ist eine Art Naturnotwendigkeit, deren Eintreffen nicht abgewendet werden kann. Wenn die Fachleute zum Beispiel über die künstliche Intelligenz sprechen, ist da immer die Rede von morgen, übermorgen und überübermorgen; sehr selten hört man davon, was bis heute schon erreicht worden ist. "Bald wird es möglich sein, dass der Computer noch das und jenes tut . . ., er wird die natürliche Sprache verstehen, er wird sie auch noch übersetzen können in andere Sprachen: man wird, sagen wir, auf Deutsch ins Mikrophon reinsprechen, und der Text, der rauskommt, wird auf Russisch sein . . ." Solche und ähnliche Versprechungen für die Zukunft hallen in uns wider, und sie erwecken den Anschein, als ob ihre Verwirklichung nur eine Frage der Zeit sei. Ganz klar, dass die Leute das Gefühl ergreift, der Macht, die da im Anzuge ist, könne nicht widerstanden werden.

Computersprache

In Hinsicht auf den Computer als Übersetzer, möchte ich folgendes erwähnen: Vor nicht langer Zeit war ich an einer Tagung. Ich traf dort den Herrn, der mein Buch 'Die Macht der Computer und die Ohnmacht der Vernunft' ins Japanische übersetzt hatte. Nun sagte er mir, und ich weiss nicht, wieviel davon Humor und wieviel Ernst war, dass ein Autor es doch bedeutend leichter habe als ein Übersetzer, weil der letztere den Text verstehen müsse, bevor er ihn übersetzen könne!

Ja, wenn ich mir nun überlege, dass der Autor einfach etwas hinschreiben und dem Übersetzer das Denken überlassen kann, und dieser Übersetzer ist ein Computer, dann sehe ich für die Literatur nicht nur Gutes.

Wenn es literarische Texte sind, die übertragen werden sollen, muss der Übersetzer selbst schöpferisch sein.

Gewiss, und auch dann noch geht manches verloren, ganz zu schweigen davon, ob der Computer das machen könnte. Es ist deshalb kaum zu glauben, dass viele meiner Kollegen es nicht begreifen können, dass dem Computer hier Grenzen gesetzt sind: die natürliche Sprache wird er nie verstehen, und zwar weil es ein unbedingtes Verstehen nicht gibt. Verstehen setzt immer ein Wesen voraus, das etwas in seinem Zusammenhang erkennen kann, und wieweit es das kann, hängt von seiner eigenen Geschichte ab: jeder Mensch wird deshalb das gleiche immer ein wenig anders verstehen, und so ist es unmöglich, den absoluten Sinngehalt überhaupt zu erfassen.

Vielleicht bewundern wir an einem Dichter, dass er die Grenzen seiner eigenen Geschichte überschreitet und uns etwas von diesem absoluten Sinn ahnen lässt.

Eine Geschichte aber, wie jeder einzelne Mensch sie hat, kann der Computer nicht haben und deshalb auch kein Verständnis im eigentlichen Sinne des Wortes.

"Was macht es schon aus", sagen meine Gegner, "ob der Computer eigene Erlebnisse hat oder ob ihm diese Erlebnisse mittels eines Magnetbandes 'einverleibt' werden!"

Aber das würde nun bedeuten, dass alle menschlichen Erfahrungen in Sprache umgesetzt werden können. Dem ist nicht so. Ich glaube sogar, dass wir das wenigste von dem, was wir als Menschen wissen und erfahren, auch aussprechen können.

Allein schon der Gedanke, dass Wissenschaftler auf eine solche Idee verfallen, kann einen erschrecken.

Wissenschafts-Glaube

Ja, und zwar zutiefst! An der Stanford-Universität in Kalifornien fand vor nicht langer Zeit eine Podiumdiskussion statt. Die Aula war gedrängt voll, und als ich nun, in einem ähnlichen Zusammenhang, die Äusserung tat, die Wissenschaft sei nicht die einzige Quelle des Wissens, widerhallte der Saal von einem einstimmigen: "Nein!" Und das von Studenten, und noch von solchen an einer berühmten Universität! Sie können es einfach nicht fassen, dass es ausser der modernen Wissenschaft noch andere Quellen gibt und dass auch vor ihren Anfängen vor 300 Jahren schon Aussagen gemacht wurden, die ihre Gültigkeit bis heute nicht verloren haben. Man denke nur an die Griechen!

Schlimm genug, dass es Studenten sind, deren Blickweite so sehr eingeengt ist; aber noch schlimmer, wenn es Professoren sind! Gerade gestern musste ich die 'These' verteidigen, dass es einen Unterschied gebe zwischen natürlichen Sprachen wie Deutsch, Englisch – Sprachen, wie sie von Menschen gesprochen werden – und künstlichen Sprachen wie zum Beispiel der mathematischen Sprache der Physik oder den Computersprachen: Sprachen, in denen man programmiert. Und das war ein Kollege, der diesen Unterschied nicht begreifen wollte, und einer, der sich selbst für einen Humanisten hält und sonst in vielen Dingen ähnlich denkt wie ich (ich bin ihm ein bisschen zu extrem). Als ich ihm sagte, dass die natürliche Sprache doch eine Verbindung zur Realität, zur Natur, zu den Erlebnissen des Sprechenden habe, hingegen die künstliche Sprache rein abstrakt, ohne Bezug zur Realität und deshalb ohne eigentliche Bedeutung sei – wir geben ihr die Bedeutung erst hinterher –, schüttelte er nur den Kopf und meinte, dass er sich diese Angelegenheit zuerst überlegen müsse.

Nun, das ginge noch an, aber dieser Glaube, dass die moderne Wissenschaft die einzige verlässliche Quelle des Wissens sei, der sitzt sehr tief. Das Erschreckende daran ist, dass er echt ist und dass viele für ihn kämpfen. Wie weit er verbreitet ist, zeigt sich in der Sprache, wenn man zum Beispiel sagt: "Ich hab' ein Problem mit meiner Ehe!" anstatt: "Meine Frau liebt mich nicht mehr", oder "Ich liebe meine Frau nicht mehr, und meine Kinder gefallen mir auch nicht." Das sagt man nicht. Wenn man das Wort Problem braucht, dann schliesst das irgendwie ein, dass es sich da um eine Aufgabe handelt, die man lösen könnte, wenn man die richtigen Methoden anwendete: menschliche Schwierigkeiten und Unzulänglichkeiten werden mit diesem Wort in ein Gebiet verlegt, wo der Glaube an eine mögliche Lösung berechtigt ist. Aber menschliche Probleme sind halt nicht wissenschaftliche, und man kann sie selten oder nie lösen: meistens verwandelt man nur immer ein Problem in ein anderes. Zum Beispiel werde ich mich, wenn mich meine Frau nicht mehr liebt, von ihr scheiden lassen und habe dafür jetzt das Problem der Einsamkeit oder das Problem, eine andere Frau zu finden. Und wenn ich eine gefunden habe, kommen wieder andere Probleme. Aber die Erwartung, dass es eine Lösung gebe, und die Weise, wie dabei vorgegangen wird, rührt vom Glauben an die Wissenschaft her.

Kontrollierte Gesellschaft

Über eine andere Gefahr haben Sie noch nicht gesprochen, nämlich ob der Computer die 'kontrollierte Gesellschaft' in greifbare Nähe rückt?

Ich weiss nicht, was ich darüber sagen soll. Wird es in zehn oder zwanzig Jahren unsere Gesellschaft überhaupt noch geben? Wenn nicht, würde uns diese Gefahr erspart bleiben!

Einfach zu behaupten, dass es einen Überwachungsstaat im Sinne George Orwells nicht geben könne, würde mir nicht einfallen. Es wird ja mit allen Mitteln auf ihn hingearbeitet! Und viele, die Angst davor haben, dass der Grosse Bruder bald jede ihrer Bewegungen überwachen und jedes ihrer telephonischen Gespräche abhören werde, arbeiten mit an Geräten, wie sie in der konkreten historischen Situation nur zum Zwecke der Überwachung geschaffen werden können!

Aber wenn er wirklich kommt, dieser Staat, dann ist er viel eher eine Folge davon, dass die

Menschen ihre Freiheit nicht mehr verteidigen, als dass der Computer die Schuld daran trüge. Zum Beispiel gab es in Russland zur Zeit der Romanows schon eine Geheimpolizei, und das beweist, dass der Überwachungsstaat auch ohne Computer verwirklicht werden kann. Auch Stalin und Hitler kamen noch ohne Computer aus! Wenn also ein totalitärer Staat entsteht, so dankt er es nicht in erster Linie einem Gerät, sondern dem Umstand, dass sich die Menschen zuwenig für ihre Werte einsetzen.

Zauberlehrling

Könnte nicht gerade die Computerbegeisterung dazu führen, dass man diesem Gerät soviel Gewalt überantwortet?

Das stimmt in gewisser Weise. Ich würde es so ausdrücken, dass ich sage, wir haben einen Faustischen Pakt geschlossen mit der Wissenschaft und Technologie. Faust hat ja mit seinem Pakt nicht nur etwas verkauft, nämlich seine Seele, sondern er hat dafür auch etwas eingehandelt, und das bekommt er auch. Und uns hat die Wissenschaft auch vieles von dem, was wir haben wollten, gegeben: zum Beispiel hat sie uns Medikamente gegen viele Krankheiten (Kinderlähmung, Tuberkulose) gegeben, und von einigen hat sie uns ganz und gar befreit. Der sonstigen Güter, die wir verlangten, sind unzählbar viele, und immer wollen wir noch mehr haben und merken dabei nicht, dass die Vorteile, die wir meinten erhandelt zu haben, ins Gegenteil umgeschlagen sind.

"Die ich rief, die Geister, werd' ich nun nicht los" . . .

Es besteht die allergrösste Gefahr, dass wir diese Geister nicht mehr loswerden. Die Wissenschaft hat uns nicht nur berauscht, sondern sie hat uns Gift eingeträufelt.

Und jetzt geht es darum, das Gift wieder loszuwerden. Mit der Entziehungskur bei Alkoholikern kann man es vergleichen: wie sie auf Whisky verzichten müssen, auch wenn er ihnen gut schmeckt, so wir auf gewisse Vorteile, die uns Technik und Wissenschaft bieten.

Auf meinem Gebiet sollte man zum Beispiel davon absehen, dem Computer das Verstehen der gesprochenen Sprache beibringen zu wollen. Ganz klar, dass man da noch ein bisschen weiterkommen kann. Aber wozu? – Natürlich wird man da einwenden, dass das Programmieren überflüssig werde, wenn man direkt mit dem Computer sprechen könne. Das stimmt nicht, und selbst wenn es den oder jenen Vorteil hätte, müssten wir es unterlassen, daran weiterzuarbeiten, weil wir uns diese Art des Denkens abgewöhnen müssen. So sollte man, meiner Meinung nach, anfangen; denn die ganze Wissenschaft in Bausch und Bogen einfach zu verwerfen, wäre nicht richtig.

Mit dem Abschaffen der Programmierung wäre es übrigens so, wie wenn jemand sagte: "Die Musiker, die haben so seltsames Papier und so seltsame Zeichen, und daraus entsteht dann die Musik. Kein Wunder, dass ich nicht komponieren kann, denn für einen einfachen Menschen ist das doch viel zu schwierig. Sobald man Musik mit klaren deutschen Worten schreiben kann, werde auch ich Komponist."

Wenn man in meinem Bereich noch von etwas absehen sollte, dann wären es die Home-Computer: sie sind meistens Unsinn. (6)

Hoffen auf Gott

Ich komme darauf zurück, dass Sie sagten, nur ein Wunder könne uns retten. Ist in dieser Aussage ein Hoffen auf Gott mitenthalten? – Ich meine nicht in dem Sinne, dass Gott direkt ins Geschehen eingriffe . . .

Wenn man sich unter Gott einen alten Mann mit weissem Bart vorstellt, der hoch oben thront und waltet und uns bei unseren guten und schlechten Taten zuschaut . . .

Gewiss nicht.

. . . dann nicht. Wäre ich aber gefragt worden, ob meine Aussage eine Art Religiosität einschliesse, hätte ich 'ja' gesagt. Mit Religiosität meine ich eine Haltung der Verbundenheit mit der Welt, mit meinen Brüdern und Schwestern, gegenüber allen Menschen.

Und diese Verbundenheit ist von einem Verhältnis zu Gott bestimmt?

Wenn ich sage, dass wir alle Brüder und Schwestern sind, müssen wir einen gleichen Elternteil haben. Ich muss die Frage deshalb bejahen: die Aussage beinhaltet den Glauben an Gott, und zwar in dem Sinn, dass wir unsere gewöhnlichen menschlichen Ziele überschreiten müssen. Vielleicht unterscheiden wir uns ja gerade dadurch vom Tier, ganz zu schweigen von der Maschine.

Und da behaupten nun noch Menschen, dass man aus einer Maschine einen Menschen machen könne!

Der Grund, weshalb wir in diese ausweglose Lage gekommen sind, wäre demnach, dass wir das Verhältnis zu Gott verloren haben und dadurch auch die Verbundenheit mit der Welt und mit den Mitmenschen. Wir spüren deshalb auch unsere Verantwortung nicht mehr?

Es ist so, als ob wir bloss lebten. Mit 'bloss' meine ich, dass wir eigentlich ohne Ziel sind.

In Amerika ist zum Beispiel der historische Sinn weitestgehend verlorengegangen. Zum Teil ist diese Tatsache darauf zurückzuführen, dass die Nachrichten am Fernsehen immer durch Reklamesendungen unterbrochen werden und dadurch der Zusammenhang völlig zerrissen wird. Die Bilder, die erscheinen, sind also getrennt voneinander und hängen so weder von der Vergangenheit ab, noch weisen sie auf die Zukunft hin. Sie können eine historische Bedeutung deshalb gar nicht haben.

Dazu kommt, dass die unterbrechenden

Reklamesendungen in ihrem Aufbau gleich sind: sie bestehen sozusagen aus lauter Paketchen.

Und was weiter dazu kommt ist nun, dass diese Reklamesendungen sehr trivial sind und dadurch auch die Nachrichten etwas Triviales erhalten.

In einem solchen Fluidum, würde ich sagen, ist es fast unmöglich, einen historischen Sinn zu entwickeln oder sich Gedanken über den Wert und die Bedeutung des Lebens hinzugeben.

Nur oberflächlich betrachtet könnte man meinen, dass all die Menschen, die diese Sendungen täglich über sich ergehen lassen, auch gar nicht danach verlangen, dem Dasein einen Sinn abzuringen. Das stimmt nicht: sie wissen nur nicht, dass sie danach verlangen, und wissen nicht, weshalb sie so sehr unglücklich sind.

Es wird ihnen doch auch gesagt, dass man ohne Gott auskommen könne?

Das ist eine Entdeckung unserer Zeit, dass man die Hypothese Gott nicht braucht: wir können ja so viel heute, fast alles können wir – die Hypothese ist nicht mehr notwendig! Natürlich ist sie auch nicht notwendig, wenn man den Weltraum, die Erde, das Leben bloss als ein wissenschaftlich untersuchbares System ansieht! Es kommt dann aber diese Unfähigkeit, eine Beziehung herzustellen zwischen sich und der Welt . . .

Ich erinnere mich, einmal irgendwo gelesen

zu haben, dass in einem völlig totalitären Staat die emotionalen und psychischen Entfernungen aller Menschen gleich sein müssten: ich wäre also gleich weit entfernt von meiner Frau, von meinen Kindern, vom Arzt wie von der Regierung usw. Auf diese Weise wäre es dann unmöglich, dass sich zwei Menschen näher kommen könnten. Das wäre eine zwecklose, eine leere Welt: wir wären alle 'bloss' da. Manchmal würden wir vielleicht so etwas wie Vergnügen empfinden, aber niemals hätten wir noch Gefühle wie Freude oder auch echtes Leid, weil tiefere Empfindungen bei dieser Verbindungslosigkeit gar nicht mehr aufkommen könnten: es fehlte das 'Du', die Begegnung, wodurch sich ein Mensch erst selbst erfahren kann.

Nicht etwa, dass damit gemeint wäre, dass man einen Menschen nur mit 'Du' anzusprechen braucht, und die Beziehung ist hergestellt! In Amerika zum Beispiel geht dieses *you are my best friend* sehr leicht von der Zunge, und trotzdem spürt man immer Gewalt.

Gewalt im Sinne von Brutalität?

Ja, nirgendwo auf Erden gibt es soviele Pistolen! Gewalt ist überall spürbar, sie ist immer da. Lange vor dem Holocaust wurde in Amerika fast das ganze Volk der Indianer vernichtet. Die Angst vor der Gewalt sitzt uns im Nacken, wenn wir nachts durch unsere Strassen gehen. Dennoch ist es bisher nicht gelungen, hier einen totalitären Staat zu errichten. Ich weiss nicht, ob es eine Art Instinkt für Demokratie ist, was uns davor bewahrt hat. Auf jeden Fall sollten wir es als Warnung auffassen, dass wir einen Schauspieler zum Präsidenten haben.

Hat der Präsident einen wissenschaftlichen Beraterstab?

Ja, es gibt den Titel *'presidental science adviser'*, und der Titelinhaber hat einen Stab von Mitarbeitern.

Der Titelinhaber ist als Wissenschaftler ausgewiesen?

Oh ja, gewiss. Der Präsident selbst dürfte allerdings nicht allzuviel von Wissenschaft verstehen!

Wenn ich USA-Präsident wäre

Angenommen, Ihnen würde das Amt des wissenschaftlichen Beraters übertragen: welche Massnahmen würden Sie für dringlich erachten?

Ich möchte diese Frage in eine andere umwandeln, weil ich mir nicht vorstellen kann, dass mich der Präsident, wenn ich ihm so nahe käme, nicht schon am selben Tag aus Gründen der 'Meinungsverschiedenheit' wieder entlassen würde. Eine gewisse innere Verwandtschaft wäre doch Voraussetzung für eine wirksame Zusammenarbeit!

Ich nehme also an – indem ich meiner

Phantasie wirklich die Zügel schiessen lasse –, ich wäre Präsident, und zwar schon morgen: Das erste, was ich machen würde, wäre, dass ich so an die hundert russische Spezialisten auf dem Gebiet des Sprengens nach Amerika einladen würde. Ich würde sie an die Orte führen, wo unsere Raketen sind, und dann würden wir gemeinsam jedes dieser Silos zerstören. Die ballistischen Raketen würden als erste vernichtet, weil es dann für die Russen sinnlos würde, ihre eigenen Raketen auf diese zu steuern. Vom konventionellen militärischen Standpunkt aus würde unsere Sicherheit dadurch nur erhöht und nicht etwa geschwächt. Selbstverständlich wäre mit diesem ersten Schritt die Hoffnung verbunden, dass die Russen unserm Beispiel folgen.

Das wäre dann das Zeichen dafür, dass mit dem Wettrüsten aufgehört werden kann.

Ich gestehe offen, dass es Wunschträume sind: Ich bin ja nicht Präsident. Ich weiss auch nicht, ob ein Präsident die Macht hätte, ein solches Vorhaben durchzuführen. Jedenfalls – um den Faden weiterzuspinnen – würde ich die atomare Rüstung mit sofortiger Wirkung abbauen.

Kriegslaboratorien – Friedenslaboratorien

Was würden Sie als Präsident den Wissenschaftlern sagen?

Das gleiche wie der Papst. Den Todeslaboratorien und Todesfabriken würde zudem das

Handwerk gelegt, indem ihnen keine staatlichen Gelder mehr zuflössen.

Die Idee der Umwandlung von Kriegs- in Friedenslaboratorien ist wohl sehr schön; aber sehen Sie Möglichkeiten, wie sie in die Tat umgesetzt werden könnte? Stehen Ihnen überhaupt Anwendungen des Computers vor Augen, die für die Zukunft der Menschheit von Nutzen wären?

Ich glaube nicht, dass der Computer, das Flugzeug, das Fernsehen oder das Dynamit an sich böse sind. Ich behaupte aber auch nicht, dass sie neutral seien! Man hört heute oft, es hänge alles nur davon ab, wie die Dinge genutzt werden. Das stimmt nicht: es ist eine glatte Ausrede, mit der man sich der Verantwortung entzieht. Eine Ausrede ist es, weil die Sachen nicht gesondert betrachtet werden dürfen, sondern immer im Zusammenhang mit der konkreten Situation. Das heisst für unsere Zeit, dass zum Beispiel der Computer und das Flugzeug dem Krieg dienen, und Krieg ist in unserer Welt gleichbedeutend mit Massenmord.

Man würde es sich leicht machen, wenn man die Technik heute als neutral bezeichnete! Sie ganz und gar zu verdammen, gelingt mir dennoch nicht: wenn ich einmal dahin komme, werde ich mein Lehramt niederlegen und mich der Sabotage widmen. Aber ich glaube nicht, dass ich dahin komme. Ich denke auch, dass jemand, der von Technik etwas versteht, besser dazu geeignet ist, über ihre Gefahren zu sprechen, als ein Laie.

Die ganze Frage ist aber auch für mich eine sehr schwierige; denn ich muss ja annehmen, dass viele meiner Studenten einmal in eben diesen Todeslaboratorien und Todesfabriken arbeiten werden. Dass ich mich da irgendwie mitschuldig mache, kann ich gar nicht leugnen. Es bleibt mir nur, mich wieder auf Tolstoi zu berufen in der Annahme, dass auch er mit seiner Aussage gemeint habe, ein Leben ohne Makel sei in dieser Welt nicht möglich.

Man macht sich schuldig, was immer man tut. Einer vielleicht, der sich ganz aus der Welt zurückziehen würde, ein Mönch . . .?

Es ist nicht möglich. – Wenn man sich ganz zurückziehen wollte, könnte man nicht mehr tun, was einem doch möglich wäre.

Sich den Anforderungen stellen. – Was nun die Umwandlung der Laboratorien und Fabriken anbelangt, wie sehen Sie das konkret?

Leider glaube ich, dass alles, was zur Institution wird, also in eine feste Form gebracht wird, Gefahr läuft, des eigentlichen Sinns beraubt zu werden: die Grundprinzipien verschwinden, und die Institution führt ihr Eigenleben. Bei den religiösen Organisationen ist es auch so. Vielleicht hat das wieder einmal mit dem Gedanken Tolstois zu tun, dass man sich nicht in eine Gemeinschaft Gleichdenkender zurückziehen dürfe. Bequemer wäre es ja, und man würde sich weniger schuldig fühlen; aber die Verantwortung würde man irgendwie abschieben.

Um dennoch bei meiner Frage zu bleiben: Könnten zum Beispiel die Fabriken, in denen jetzt Atombomben hergestellt werden, in Stätten verwandelt werden, wo anstatt dem Krieg nun dem Frieden gedient wird?

Zum ersten würde ich sagen, dass man diese Fabriken nicht in etwas anderes verwandeln kann, bevor man nicht die Ideen, um derentwillen sie entstanden sind, verwandelt.

Jetzt müsste man fragen, wo sie lägen, diese Ideen; ob bei den Staatsmännern oder Managern? Keineswegs, zumindest nicht in erster Linie: in den Fabriken selbst sind sie zu finden, bei denen, die dort arbeiten. Sie muss man dazu führen, dass sie einsehen, wie sie durch ihre Arbeit Beihilfe leisten zum Tod ihrer eigenen Kinder.

Eine politische Frage im üblichen Sinn ist das also nicht. Ich könnte mir vorstellen – leider nur vage –, dass sich das Volk von Amerika erheben und sagen würde: "Keine Atombomben mehr!" Wenn dann diese Todesfabriken stillgelegt würden, wäre eine Folge davon, dass Tausende oder Millionen von Menschen eine alte Idee durch eine neue ersetzt hätten. Mit dem Präsidenten der USA zum Beispiel hätte das wenig zu tun.

Was geschähe mit der Energie, die dadurch frei würde? – Es fiele mir nicht ein, dass man sie dazu verwenden solle, um dieses oder jenes mehr oder weniger nützliche Gerät herzustellen. Keine Rede! Ich würde anregen, sich den Bedürfnissen der Menschen zuzuwenden, die während so vieler Jahre, hundert Jahre vielleicht, vernachlässigt worden sind: sie wurden einfach beiseite geschoben, weil sie dem Aufbau unserer kapitalistischen Gesellschaft im Weg standen. Es sind kaum zu bewältigende Bedürfnisse, in Amerika und überall auf der Welt – nicht in der Dritten Welt nur! An Arbeit würde es nicht fehlen!

Wenn so ein Wandel im Denken tatsächlich statt hätte – Robert Jungk nennt es Menschheitswehen –, könnte man erst eigentlich daran gehen, die Wahrheit dieser Bedürfnisse ans Licht zu bringen, und das wäre dann der Anfang einer ganz neuen Gesellschaftsordnung.

Könnte da der Computer von Nutzen sein?

Gewiss, ich nehme es an, weil bei manchen Aufgaben sehr vieles ausgerechnet werden müsste. Allerdings, wenn man die Wirtschaft und Wissenschaft bis 1950 betrachtet, muss man zugeben, dass man auch ohne Computer auskommen kann. (4)

Auch wenn man im übrigen nicht erwarten darf, dass durch einen solchen Wandel im Denken das Paradies automatisch errichtet werde, glaube ich doch, dass die Errungenschaften der Wissenschaft, die Energien wie die Instrumente, sehr bald schon anders verwendet würden. Nicht, dass sich das wie ein Naturgesetz vollzöge; aber vielleicht so, wie wenn man einem Menschen, der mit redlicher Arbeit seine Familie ernährt, ein Messer gäbe: er wird es für den und jenen Zweck gebrauchen, aber nicht dazu, einen Menschen umzubringen. Der Mord ist also mit dem Werkzeug nicht unbedingt gegeben, und so träten in einer veränderten Welt auch andere Bedeutungen des Werkzeugs zutage.

Erfahrung am eigenen Leib

Bei den Wissenschaftlern selber spürt man doch sehr wenig von diesem Wandel des Denkens: Könnte es sein, dass es dazu noch eine ganz persönliche Erfahrung braucht, so wie zum Beispiel Sie sie machten als kleiner Junge in Berlin? Sie sagten doch selbst, dass diese Erfahrung Ihr Denken geprägt habe. Muss man etwas am eigenen Leibe verspüren, ehe man sich grundlegend ändern kann; muss eine Atomexplosion zuerst stattfinden . . .

Wenn so ein Wissenschaftler die Atomexplosion am eigenen Leib erfährt, ist er schon in den nächsten Mikrosekunden halt nicht mehr da, und für die Wandlung ist es dann zu spät.

Nein, nein, das meinte ich nicht! Es geht mir nur um die 'Erfahrung am eigenen Leib'.

Ich glaube schon, dass es sie braucht. Vielleicht kann man deshalb kaum damit rechnen, dass Menschen meines Alters sich noch ändern werden, obwohl es auch da Ausnahmen gibt: unter den Physikern gibt es einige, die sich ganz dem Kampf für den Frieden gewidmet haben.

Zum Beispiel?

Viktor Weisskopf am MIT, oder Carl Friedrich von Weizsäcker. Dann auch Kistiakowski, der leider gestorben ist. Unter den Biologen muss man die Nobelpreisträger George Wald und Salvador Luria nennen.

Alle diese Menschen sind für den Frieden eingetreten. (Nebenbei bemerkt, Luria hält immer noch die Grundvorlesungen über Biologie am MIT, obwohl er offiziell emeritiert ist. Ich glaube, wenn man ihn fragt, weshalb er von dieser unheilstiftenden Wissenschaft nicht Abstand nehme, würde er ähnlich antworten wie ich.) Was aber die persönliche Erfahrung anbelangt, dünkt mich, dass ein Umstand sie besonders verhindert: all die Menschen, die heute in irgendeinem Sinn an der Macht sind, die Abgeordneten einer Regierung, gewisse Wissenschaftler und gewisse Wirtschaftsleute, leben in einer künstlichen Welt. Die Welt, in der sie leben, ist von derjenigen der Slums in New York oder des Hungers in Afrika so sehr verschieden, dass sie diese andere Welt gar nicht verstehen können. Gewisse Erfahrungen, die sie dort machen könnten, sind ihnen daher gänzlich verschlossen, und es besteht deshalb wenig Hoffnung, dass sich ihr Denken wandeln wird. Wenn ein solcher Mensch jedoch aus irgendeinem Grunde von seiner Ebene heruntersteigt in die reale Welt, kann er sich manchmal völlig verwandeln. Kistiakowski ist dafür ein Beispiel – obwohl mir seine persönliche Geschichte verborgen bleibt – oder Robert MacNamara, der während des Vietnamkriegs 'Verteidigungsminister' war und dem man viel Böses zur Last legen kann.

Haben Sie noch andere "Präsidentschafts-Ideen"?

Im Sinne Orwells würde ich auch darauf achten, dass ein Wort wie *Defense Department* (Verteidigungsamt) durch ein anderes Wort ersetzt würde, zum Beispiel durch Kriegsministerium, und anstatt von *Defense Expenditures* würde man von Militärausgaben sprechen.

Man gewöhnt sich an diese Begriffe und vergisst mit der Zeit, dass es Beschönigungen sind.

Vom wirtschaftlichen Standpunkt aus gehört übrigens die ganze Militärindustrie zum Sektor Wohlfahrt, weil ja eigentlich nichts hergestellt wird, was Wert hat, höchstens, dass man zum Beispiel einen Tank exportieren kann (wobei noch zu erwähnen wäre, dass man damit die Armut exportiert). Abgesehen davon sind diese Güter wirtschaftlich wertlos: sie kosten Geld und bringen nichts ein. Desgleichen die Soldaten, die man ernähren und bezahlen muss.

Wenn man das erkennt, kann es einen nicht

wundern, dass die Armut in Amerika so gross ist, die Schulen und das Gesundheitswesen in lamentablem Zustand sind und die ganze Wirtschaft diejenige eines armen Landes ist: zehn Prozent sind es gewiss, vielleicht auch zwanzig, was die Staatskasse für diese militärische Wohlfahrt ausgibt.

Als Präsident würde ich das sofort ändern. Einwände wie, es gebe dann mehr Arbeitslose, würde ich mit der Antwort zurückweisen, dass in Amerika kein Mangel an dringend notwendiger Arbeit sei.

Pazifist

In dieser Art würde ich vorgehen 'als Präsident'! Allerdings muss ich noch ein Geständnis ablegen: Als ich sagte, dass ich die Landraketen abbauen wolle, war unterschwellig der Gedanke da, dass wir notfalls noch die Unterseeboote hätten mit ihren Raketen! Zu einem überzeugten Pazifisten braucht es also mehr! So ganz bin ich ihm nicht gewachsen, dem Pazifismus. Vielleicht hat das mit Kindheitseindrücken etwas zu tun. Es stört mich selbst am meisten, dass es mir nicht einmal in der Vorstellung gelingen will, mir eine Welt auszumalen, wo immer Frieden herrscht. Vielleicht dass mir mehr Kraft für diese Sicht der Dinge erwachsen wird, wenn ich noch einige Aufgaben für mich selber gelöst haben werde. Man kann sich doch nicht entscheiden, Pazifist zu sein; man kann nur zum Pazifisten reifen.

* * *

(1)
Aus: Die Systeme sind undurchschaubar;
INDUSTRIE, 12. Oktober 1983, Seite 31.

industrie:
Der marxistische Philosoph Adam Schaff sieht in dieser Entwicklung einen Weg, der die Menschheit in ein neues Paradies führt. Schaff meint, dass dem Menschen durch die Mikroprozessoren die manuelle Arbeit weitgehend abgenommen wird und er sich in seiner dann im Überfluss vorhandenen Freizeit ausschliesslich der Bildung und Erziehung widmen kann. Nach Schaffs Theorie steuern wir auf eine Lern- und Spielgesellschaft zu, deren Zustandekommen angesichts rapide sinkender Kosten bei der Produktion von Mikroprozessoren noch beschleunigt wird.
Weizenbaum:
Ich halte alle diese Vorstellungen für blanke Utopien. Gern würde ich von Herrn Schaff erfahren, auf welche Weise er zu derart irrationalen Anschauungen gelangt ist. Nichts, aber auch gar nichts deutet darauf hin, dass wir uns sozusagen morgen schon im Schaffschen "Paradies einer Lern- und Spielgesellschaft" befinden werden. Mir erscheinen solche Ideen besonders deshalb weltfremd, weil sie – entgegen allen bisherigen Erfahrungen – immer von der nächsthöheren Stufe der technologischen Entwicklung das Heil für die gesamte Menschheit erwarten. Dieser utopische Rigorismus hat etwas Totalitäres an sich, und ich kann nur eindringlich vor ihm warnen. Wenn ich an die grundsätzlichen Probleme unserer Zeit denke – und hier möchte ich nur die Dritte Welt und die Gefahr eines dro-

henden Atomkrieges nennen –, dann sind die Paradiesvorstellungen von Adam Schaff nicht mehr als eine Flucht vor der Wirklichkeit.

(2)
Aus: *The Paradoxical Role of the Computer*
INFORMATIE Jaarg. 26 nr. 1 pag. 1 t/m 88 jan. 1984

Paradoxale Auswirkungen des Computers
Betrachten wir die Rolle des Computers in der Industrie – der Schwer- wie der Leichtindustrie: Es ist jetzt erwiesen, dass Computer auch die komplexesten Werkzeugmaschinen steuern können. Schon diese Tatsache allein – eine Tatsache, die wie eine plötzliche Explosion in die wirtschaftliche Szene platzte – ist schuld an einem Umbruch in der Geschichte der Weltwirtschaft von gewaltiger Bedeutung.

Die industrielle Revolution brachte einen stetigen und enormen Anstieg sowohl der Masse der produzierten Güter als auch der Produktivität des einzelnen Arbeiters und des in Maschinen investierten Kapitals; mit anderen Worten: des Profits, des Ertrags. Aber der Produktionsprozess selbst war undenkbar ohne die bereitwillige, ja begeisterte Mitarbeit ganzer Armeen geschulter Arbeiter und Vorgesetzten. Die der Arbeiterschaft bezahlten Löhne brachten die wirtschaftliche Gleichung zum Stimmen: die Massen wurden wirtschaftlich in die Lage versetzt, die von den Fabriken produzierten Güter zu konsumieren. Die Arbeiterschaft war in zwei voneinander unabhängigen Hinsichten unentbehrlich: um die Maschinen zu bedienen, von denen die Produktion abhing, und um die immer höher steigende Flut der Produkte zu konsumieren, d.h. zu bezahlen.

Dass dieses System überhaupt funktionierte, ist – oder war! – der Triumph der freien Marktwirtschaft. Aber wir fangen an zu entdecken, dass dieses System so etwas wie einer ökologischen Nische bedarf: sein Überleben hängt von gewissen Konstanten oder Invariablen im Produktionsprozess ab. Wenn die Massen ihre Rolle in der wirtschaftlichen Gleichung behalten sollen, muss das Funktionieren der Maschinen von menschlicher Arbeit abhängen. Wird der Arbeit diese Rolle genommen, so bricht das Prinzip des "freien Marktes" zusammen; die Arbeiterschaft, d.h. die Masse der gewöhnlichen Leute, verliert ihren legitimen Anspruch auf einen Anteil am Bruttosozialprodukt. Ich will mich hier auf keine Einzelheiten einlassen, sondern nur feststellen, dass auch der Dienstleistungssektor in der Wirtschaft der entwickelten Länder rasch automatisiert wird. Überall wird das Können, das eine Arbeiterschaft bis vor kurzem zu verkaufen hatte und auf Grund dessen sie sich ihr Teil am Reichtum der Gesellschaft verdiente, von menschlichen Händen und Hirnen auf Computer übertragen.

In der Sprache der klassischen Wirtschaftlehre ist das nichts anderes als ein Rückgängigmachen der Befreiung der Arbeiter – einschliesslich des Mittelstandes –, ein Ausschluss vom Leben der Gesellschaft. Wenn wir aber die klassische Wirtschaftslehre einen Augenblick vergessen – wenn wir annehmen, jeder Bürger behalte seinen Anteil am Volksvermögen, dann entsteht paradoxerweise ein ganz anderes Bild.

Wir sehen eine immer weiter anwachsende Produktivität der Gesellschaft im ganzen; d.h. pro Individuum werden immer mehr Güter (und Dienstleistungen) produziert. Wenn wir die Mechanisierung und Automatisierung der Landwirtschaft in Amerika als Modell heranziehen, können wir zuversichtlich behaupten, dass die Automation der Industrie und der Dienstleistungen die heutige Flut von Gütern und Leistungen auch mit der aktiven Teilnahme von 5% (oder weniger) der gegenwärtigen Arbeitskraft erzeugen könne. Wenn sich diese Produktivität auf die Erzeugung wirklich nützlicher Dinge kanalisieren liesse – wie Nahrung, Kleidung, Unterkunft, öffentliche Verkehrsmittel, Gesundheits- und Erziehungswesen usw. – statt auf törichten Luxus und tödliche Waffen, könnten wir uns eine ganze Welt vorstellen, die sozusagen wie eine Südseeinsel funktionierte: wo die Luft immer warm ist und das Essen von den Bäumen fällt. Ich glaube, dass wir bald die technischen Mittel haben – grossenteils dank dem Computer –, alle Grundnahrungsmittel und -güter, die alle Menschen auf dieser Erde brauchen, anzubauen, herzustellen und zu verteilen. Wir *können* dem Hunger und der Armut der Welt ein Ende machen – und gleichzeitig die Notwendigkeit, dass Menschen arbeiten, beinahe auf das Niveau senken, das derzeit in Amerikas Landwirtschaft gilt: das heisst, wir könnten sie fast zum Verschwinden bringen.

Wie tritt man dieser Verheissung heutzutage und in der wirklichen Welt tatsächlich gegenüber? Dass die "freie Marktwirtschaft" überholt ist, wird im Westen nirgends erkannt, während die sogenannt "sozialistischen" Länder im grossen und ganzen die aus der steigenden Produktivität gewonnenen Profite entweder in ihre Militärmacht lenken oder dazu benützen, harte Devisen zu erwerben. In den USA sieht eine Industrie nach der andern (ja sogar die Regierung – wie sich anlässlich des Streiks der Luftverkehrskontrollen zeigte) in der Automatisierung von Arbeitsplätzen eine Gelegenheit, ihre Organisationen von den Forderungen der organisierten Arbeiterschaft (der Gewerkschaften) zu befreien. Die Arbeiter können nicht mehr damit drohen, den Fabrikbesitzern ihre Leistungen zu verweigern – bisher das einzige Mittel, mit dem sie verhandeln konnten. Der Arbeitsplatz kann von Arbeit befreit werden, was die Produktionskosten noch weiter senkt. Maschinen werden nicht schwanger und sie streiken nicht. Dass dem einzelnen Arbeiter die Mittel entzogen werden, sich und seine Familie zu ernähren – diese sehr harte Wirklichkeit in einem System, wo der Einkauf von Arbeitskraft nicht anders betrieben wird als der Einkauf auswechselbarer Maschinenteile –, das ist nicht die Sorge der erfolgreicheren Mitspieler in einer freien Marktwirtschaft.

Wenn die Gefahr zunehmender, sogar massiver struktureller Arbeitslosigkeit anhält, d.h. der Ersatz von Stellen für Menschen durch Roboter und computer-gesteuerte Abläufe, dann wird sich – so fürchte ich – bald Armut und Elend in der westlichen Welt ausbreiten und wahrscheinlich eine weltweite Wirtschaftskrise auslösen. Die hauptsächlichen und ersten Opfer einer solchen Entwicklung werden selbstverständlich die üblichen Kandidaten für diese Rolle sein, d.h. die Farbigen und die ohnehin Benachteiligten, und dann die Jugend, die in eine Welt eintritt, wo nach den alten Spielregeln strukturell kein Platz für sie ist und der sie nichts zu verkaufen hat.

Einerseits macht es der Computer grundsätzlich einem jeden möglich, in einer Welt der Fülle zu leben; anderseits sind wir schon tüchtig daran, ihn zu verwenden, um eine Welt des Leidens und des Chaos zu schaffen . . .

(3)
ebd.

Auf einer ganz anderen Ebene sagen uns die technologischen Optimisten, dass der Computer uns befähige, fast alles, was wir konstruieren oder benützen, zu “individualisieren”. Der Architekt kann mit der Hilfe von Computer-Systemen jedes Haus oder Bürogebäude verschieden von allen andern gestalten – sogar jeder Raum kann verschieden sein. Für den Computer ist das ein Kinderspiel.

Ähnlich kann auch der Schulunterricht für jedes Kind massgeschneidert werden, sowohl im Tempo wie im Stoff. Der Heimcomputer wird es jedem Haushalt ermöglichen, seine Haushaltsausgaben auf seine ganz einzigartige Weise zu verwalten. Schon jetzt ist die amerikanische Automobilindustrie in der Lage, während eines ganzen Produktionsjahres keine zwei identischen Automobile herzustellen. Wir können uns eine enorm interessante Welt vorstellen, voll reichster Abwechslung für alle menschlichen Sinne. Tatsächlich nehmen wir (wenn wir für dergleichen überhaupt einen Sinn haben) eine zunehmende Einförmigkeit der Welt wahr. Die Holiday-Inn-Hotelkette rühmt sich stolz, dass ihre Gäste nie überrascht werden: in einem Holiday Inn ist alles genau wie in jedem andern Holiday Inn. Befindet man sich in der Halle, in seinem Zimmer, im Restaurant oder im Schwimmbad des Hotels, so lässt sich nicht mehr feststellen, ob man sich in Cambridge (in England oder Massachusetts!), in Eindhoven, in Karatschi oder in Santa Fé aufhält. Ja, der Architekt kann mit vielen scheinbaren Graden der Freiheit spielen . . . aber immer mit denselben Gebäudeblöcken. Er kann Unterschiede ohne Verschiedenheit schaffen.

Vielleicht geht der Schulunterricht tatsächlich verschieden rasch voran, und vielleicht werden

Kinder tatsächlich durch verschiedene Zweige eines Programms geschleust. Aber das Programm selbst wurde wahrscheinlich von einer weit entfernten Software-Firma entworfen, die dasselbe Produkt landes- oder sogar weltweit vertreibt. Da die Rolle des einzelnen Lehrers gering ist, befindet sich das Schulkind in einer Schule, die dem Holiday Inn entspricht. Vielleicht erhöht das die Mobilität der Kinder – wenn sie in einer neuen Stadt in eine neue Schule eintreten sieht das Schulzimmer (oder eine Zelle darin) gleich wie in der alten aus –, aber es bereichert kaum ihre Lernerfahrung.

Selbstverständlich verwendet auch der Heimcomputer Software, die fast weltweit zu haben und überall dieselbe ist. Nur ein sehr kleiner Bruchteil der Heimcomputer-Besitzer werden ihre Maschinen selber programmieren.

Ich fürchte, die Verheissung grosser Vielfalt dank Computern wird bereits in ihr Gegenteil verkehrt: in Einförmigkeit und Vereinheitlichung.

(4)
'Doubt in the Heart of the House Nigger'
Aus: COMPUTING EUROPE, 22. März 1979,

Der Computer war keine unerlässliche Voraussetzung für das Überleben der modernen Gesellschaft in der Nachkriegszeit und darüber hinaus; es war vielmehr die enthusiastische, unkritische Aufnahme durch die 'fortschrittlichsten' Elemente der amerikanischen Regierung, Geschäftswelt und Industrie, die ihn rasch zu einem Mittel machten, das wesentlich dafür wurde, das Überleben der Gesellschaft *in der Form* zu garantieren, die der Computer mitgestaltet hatte.

Die Art von 'höherer Technologie', von der die

Rede ist, ist im Grunde eine konservative Kraft. Sie tendiert im Grunde dahin, die Organisation der Gesellschaft und das System der Politik zu bewahren und besser funktionieren zu lassen, so wie es ist.

Ich bin dagegen der Meinung, dass etwas daran grundfalsch ist und viel gründlicher angepackt werden muss – und das hat mit technologischem Fortschritt nicht sehr viel zu tun.

(5)
Aus: Die Systeme sind undurchschaubar;
INDUSTRIE, 12. Oktober 1983, Seite 24f.

industrie:
Halten Sie es für möglich, dass eine internationale Finanzkrise durch Fehl- oder Falschprogrammierung oder einfach durch den Zusammenbruch von Computersystemen ausgelöst werden könnte?
Weizenbaum:
Das ist eine sehr wichtige Frage, die Sie hier anschneiden. Ich befürchte, dass wir innerhalb der nächsten zehn Jahre eine Informationskatastrophe erleben werden, die sich – wenn auch auf einer anderen Ebene – durchaus mit einer atomaren Katastrophe vergleichen lässt. Worin genau diese Katastrophe bestehen wird, kann ich nicht sagen. Wenn ich das wüsste, könnten wir sie vielleicht vermeiden. Mehrere Varianten sind denkbar. Die eine ist, dass durch elektronische Kurzschlüsse ein Krieg ausgelöst wird, den niemand will.

Wenn wir an den wirtschaftlichen Bereich denken und hier insbesondere daran, wie von den Banken Tag für Tag Milliarden von Dollar auf elektronischem Wege symbolisch hin und her geschoben werden, wobei diese Entwicklung noch im Anfangsstadium steht, dann kann man sich vorstellen, dass wegen eines elektronischen Fehlers die Magnetbänder entmagnetisiert werden oder wegen atmosphärischer Störungen Informationen, die im Moment nirgendwo aufgeschrieben sind, einfach verlorengehen. Natürlich sind auch Manipulationen oder Veränderungen mit kriminellem Hintergrund denkbar, doch halte ich den kriminellen Aspekt für weit weniger gefährlich als das Auftreten wirklicher Fehler oder eines Unglücks, das niemand beabsichtigt hat.

industrie:

Sind solche schwerwiegenden Fehler bereits in der Praxis vorgekommen?

Weizenbaum:

Vor einigen Jahren sah sich die Federal Reserve Bank in Washington auf Grund von Computerberechnungen, die im Verlauf eines Hearings von Finanzexperten vorgetragen wurden, veranlasst, den Zinssatz um O,25 Prozent anzuheben. Später stellte sich heraus, dass die während des Hearings diskutierte und die Zinsanhebung auslösende Ziffer auf einem Computerfehler beruhte. Wenn nun auf der Basis eines solchen Computerfehlers finanzpolitische Entscheidungen von grosser Tragweite getroffen werden, dann kann das unabsehbare Folgen nicht nur für die inneramerikanische Wirtschaft, sondern für das gesamte Weltwirtschaftssystem haben.

Lassen Sie mich noch einen oder zwei andere Fälle nennen. Vor geraumer Zeit ging in den USA ein ganzes Unternehmen wegen eines Computers bankrott. Diese Firma verschickte ihre Waren per Eisenbahn; durch einen Computerdefekt konnte die Firma mehrere Tage lang nicht sagen, wo sich ihre Waren befanden. Das hat so viel Geld gekostet, dass das Unternehmen bankrott ging.

Vor vier oder fünf Jahren gab es einen Skandal

um eine Versicherungsgesellschaft, die ebenfalls bankrott gegangen ist. Diese Versicherungsgesellschaft schloss selbst keine Versicherungen ab, sondern handelte mit ihnen, kaufte und verkaufte sie usw. Mit Hilfe des Computers fälschten einige Manager des Unternehmens die Bücher, so dass sie mehr Versicherungen besassen als sie hätten verkaufen können. Das führte zum Zusammenbruch der Firma.

industrie:

Wie beurteilen Sie vor diesem Hintergrund das Problem der Sicherheitsmassnahmen?

Weizenbaum:

Um den in der Öffentlichkeit vorherrschenden Illusionen, man könne mit etwas technischem Aufwand Computer vor Missbrauch schützen, wenigstens etwas entgegenzuwirken, möchte ich Ihnen ein kleines Beispiel aus unserer Praxis geben. Es ist hier am Massachusetts Institute of Technology üblich, dass die Studenten während des Sommers irgendwo in Amerika bei einer Firma mit Computern arbeiten. Dazu muss ich sagen, dass alle unsere Studenten über sehr gute Kenntnisse jener Sicherheitsmassnahmen verfügen, die technisch möglich sind. Wenn sie im Herbst an unser Institut zurückkehren, berichten sie regelmässig von den grossen Unterschieden, die zwischen unseren Kenntnissen der technischen Möglichkeiten zum Schutz gegen Computermissbrauch und der Realität in den einzelnen Unternehmen bestehen. In vielen Firmen glaubt man, hervorragende Sicherheitsmassnahmen eingebaut zu haben. Kommen dann aber unsere Studenten und machen sich die Mühe, in die Systeme einzubrechen, dann erweisen sich diese "Sicherheitsmassnahmen" als ziemlich trivial.

Wir haben inzwischen ohne Zweifel eine hohe Ebene der Sicherheit erreicht, aber so sicher, wie viele Verantwortliche in Wirtschaft und Industrie, aber selbst manche Fachleute glauben, ist die Sicherheit auch wieder nicht. Im allgemeinen sind die Computersysteme in Industrie und Wirtschaft äusserst fragil. Ohne allzu grossen Aufwand könnte man in die meisten von ihnen einbrechen – nicht in alle. Ich selbst würde jedenfalls in ein Computersystem nichts speichern, von dem ich meine, dass es wirklich gefährlich oder streng geheim ist.

industrie:

Wo liegen die hauptsächlichen Gefahren der Computerisierung im militärischen Bereich?

Weizenbaum:

Auf dem militärischen Sektor ist man viel vorsichtiger und sorgfältiger, als gemeinhin angenommen wird. So werden überall intensive Vorkehrungen getroffen, die ein "Lauschen" unmöglich machen oder doch zumindest beträchtlich erschweren. Hier kommt dem Militär zugute, dass es sein Personal nach sehr strengen Kriterien auswählen und kontrollieren kann, was in dieser Form im normalen Wirtschaftsleben nicht möglich ist. Es würde mich auserordentlich überraschen, wenn es innerhalb des amerikanischen Militärs zu einem eklatanten Spionageskandal auf Grund einer Computerschwäche kommen sollte. Womit ich keineswegs behaupten will, dass alles sicher ist.

Wir müssen vor allem zwischen kleinen und grossen Systemen unterscheiden. Was die grossen Systeme anbelangt, etwa das amerikanische Luftverteidigungssystem oder das International Communication System, da muss ich sagen, dass niemand mehr diese Systeme versteht – sie sind undurchschaubar. Als Beispiel möchte ich hier nur das milliardenschwere Kommunikationssystem des Pentagons erwähnen, das vor ein paar Jahren auf seine Tauglichkeit hin untersucht wurde. Dabei stellte sich heraus, es funktioniert kaum, und was viel schlimmer ist, niemand versteht es. Es kann nicht korrigiert, sondern nur geflickt werden, und dieses Flickwerk vertieft natürlich noch seine Undurchschaubarkeit.

In diesem Zusammenhang wäre auch noch auf den berühmten "Wimex"-Fall (World Wide Military Command and Control System) hinzuweisen. Sie erinnern sich: am 8. November 1970 wurde ein ungeklärter Fehlalarm im nordatlantischen Luftverteidigungskommando (Norad) ausgelöst. Damals überspielte der Computer ein Testband, das den Atomangriff eines sowjetischen U-Bootes simuliert, auf die Leuchtschirme im Lagezentrum. Die US-Streitkräfte bereiteten sechs Minuten lang den Gegenschlag vor – der dritte Weltkrieg war in greifbare Nähe gerückt.

Alle diese Systeme sind wie lebendige Wesen, von denen man annimmt, dass sie sich nach bestimmten Regeln verhalten, und man versucht, diese Regeln zu begreifen. Doch die Wahrheit ist, dass sie mehr und mehr autonom werden und sich schliesslich auf eine Weise verselbständigen, wo die Gefahr besteht, dass sie Katastrophen auslösen können.

Für jeden Menschen, der mit technischen Dingen keinen Umgang hat, scheint das ganz unglaublich zu sein. Man hat etwa folgende Vorstellung: Da ist ein Computer, der von einem Programmierer "beherrscht" wird, und dieser Programmierer kann den Computer jederzeit stoppen und untersuchen, in welchem Zustand er sich befindet. Doch die Wirklichkeit sieht anders aus. Am Anfang der Entwicklung, als es fast ausschliesslich kleine, funktionale Computer gab, waren derartige Kontrollen möglich. Heute kann man nur noch die Taschen- und Home-Computer "beherrschen", die unabhängig von Anschlüssen an irgendwelche anderen

Computer oder Systeme sind. In dem Augenblick, wo Computer mit anderen Computern verbunden werden, wo sie sich in fremde Systeme einschalten, "beherrscht" man sie nicht mehr. Es ist ein hohes Mass an technischen Fachkenntnissen erforderlich, um den technischen Zustand eines anderen, entfernten Computers zu erkennen.

industrie:

Das heisst, durch die Vernetzung mit anderen Computern beziehungsweise Computersystemen wird die Undurchschaubarkeit bereits vorprogrammiert . . .

Weizenbaum:

Das Wort "vorausprogrammiert" stört mich ein wenig. Man könnte nämlich aus dieser Formulierung den Schluss ziehen, ein einzelner oder eine Gruppe von Menschen hätte sich auf die Realisierung eines bestimmten Plans geeinigt und würde ihn nun "programmatisch" durchführen. Genau das trifft auf die grossen Computer nicht zu. Diese Systeme sind weder in der Privatwirtschaft noch beim Militär "verständlich". Ich möchte an dieser Stelle noch einmal betonen: Von der Vorstellung, dass man einen Programmierer oder ein Team von Programmierern, die mit der Betreuung eines Computersystems beauftragt sind, fragen kann, wie denn das System über die vordergründigen Abläufe hinaus funktioniert, gilt es Abschied zu nehmen.

Ich erinnere mich, dass mir vor einigen Jahren in Washington das FBI-Computersystem vorgeführt wurde. Dem Experten, der mir dieses System zeigte, stellte ich die Frage: Wie würde es sein, wenn Sie jetzt ein Budget bekämen, das es Ihnen erlaubte, ein völlig neues Computersystem zu kaufen, das viel effektiver und dadurch letzten Endes auch billiger arbeiten würde? Der Experte war über meine Frage zutiefst erschrocken. Weder er, noch seine Mitarbeiter hatten eine Ahnung, wie der FBI-Computer wirklich funktioniert. Im Falle der Anschaffung eines neuen Computersystems müssten alle Programme, alle Vorgänge vollkommen neu geschaffen werden, so verkompliziert und verselbständigt hat sich das gegenwärtige System. Ähnlich verhält es sich mit den grossen militärischen Computern.

Wir kommen hier wieder auf die Frage der Unumkehrbarkeit von technologischen Entwicklungen zurück. Es ist inzwischen eine Situation eingetreten, in der wir die Zusammenhänge nicht mehr verstehen, weil wir sie nicht überblicken, aber wir können die Entwicklung auch nicht rückgängig machen. Wir müssen einfach weitergehen. Es nützt uns auch nichts zu sagen: Beim nächsten Mal werden wir diese oder jene Sache besser machen. Es gibt kein nächstes Mal.

Ich möchte aber noch auf eine ganz andere Art von Gefahr aufmerksam machen, mit der wir heute konfrontiert sind. Im militärischen Bereich werden jetzt Dinge möglich, die ohne Computer nicht zu verwirklichen waren. Das Militär kann gar nicht anders, als diese Gelegenheiten ausnutzen, ohne dass man sagen könnte, warum dieser Zwang oder diese Notwendigkeit besteht. Wenn irgend etwas machbar ist, dann wird es gemacht, und es gibt keinen Rückweg. Auch dafür ein Beispiel.

Die amerikanische Militärführung ist heute nicht mehr in der Lage, mit allen Kommandozentralen in Westeuropa, in Asien, am Nord- und Südpol, zu Wasser und in der Luft ohne Satelliten zu kommunizieren. Die direkte Verbindung über Kurzwellen usw. wurde abgeschafft. Das bedeutet, dass der Ausfall oder die Zerstörung eines solchen Satelliten für das gesamte Militär ein schwerer Schlag ist. Natürlich gibt es nicht nur einen, sondern viele militärische Satelliten. Doch ist das Militär von ihnen derart abhängig, dass man wieder einmal von der Fragilität unseres militärischen Systems sprechen kann. Niemand hat diese Anfälligkeit "geplant", aber plötzlich ist sie da und steigert die Unsicherheit in der Welt.

(6)

industrie:

Ihre bisherige Kritik in der Öffentlichkeit richtete sich vor allem gegen das immer stärkere Vordringen der Computer in die Industrie. Sehen Sie auch eine analoge Gefahr in der Nutzung von sogenannten Home-Computern?

Weizenbaum:

Meiner Ansicht nach werden die Home-Computer in relativ kurzer Frist – ich denke dabei an etwa fünf bis zehn Jahre – keine Gefahr für die sozialen Beziehungen der Menschen untereinander mehr darstellen, und zwar aus dem einfachen Grund, weil man sie viel weniger benutzen wird, als man das heute annimmt. Ich vergleiche den gegenwärtigen Trend zur Anschaffung von Home-Computern mit der noch vor wenigen Jahren herrschenden Modeerscheinung der "Filmkamera für jedes Haus". In Amerika gibt es heute Millionen von Menschen, die eine gut funktionierende Filmkamera im Wert zwischen 50 und 5000 US-Dollar besitzen. Aber diese Kameras liegen mehr oder weniger unbenützt herum. Was ist der Grund dafür? Der Grund ist der, dass die Eigentümer, als sie ihre Kameras kauften, der Meinung waren, mit einer guten Kamera müssten sich auch gute Filme herstellen lassen. Sie hatten nicht bedacht, dass zu einem guten Film vor allem eine gute Idee gehört.

Ähnlich stellen sich die Leute heute vor, mit einem technisch gut ausgestatteten Home-Computer müsse sich mühelos rechnen lassen. Darin liegt natürlich ein grosser Irrtum. Der Rechencomputer genügt nicht, man muss auch etwas vom Rechnen verstehen. Ich bin seit mehr als dreissig Jahren in diesem Fach tätig und habe wie alle meine Kollegen die Erfahrung gemacht, dass zunächst eine gute Idee vorhanden sein muss, ehe man ein interessantes Programm herstellen kann. Und gerade weil gute Ideen rar sind, bin ich davon überzeugt, dass die Home-Computer – ähnlich wie die "Filmkameras für jedes Haus" – in wenigen Jahren zu einem grossen Teil unbenutzt herumstehen werden.

industrie:

Aber zeichnet sich nicht bereits eine Entwicklung ab, die die Verwendung von Home-Computern etwa zur elektronischen Einholung von Bankauszügen, zum Ordern von Kaufverträgen oder zum Studium mehr und mehr in den Bereich der Realität rückt?

Weizenbaum:

Das ist durchaus richtig. Nur handelt es sich hierbei um ein ganz anderes Niveau der Nutzung von Home-Computern. Das hat nichts zu tun mit Textverarbeitung, Rechenprogrammen, Erstellung von Graphiken usw.

Die weitere Entwicklung auf diesem Gebiet wird sich aller Voraussicht nach so gestalten, dass die Home-Computer nicht nur in Amerika, sondern auch in Europa durch Kabel verbunden sein werden, die sie mit einem grösseren Computer verbinden und diesen wiederum mit einem zentralen Computer, so dass man von einem Computernetz sprechen kann. Erst diese umfassende Vernetzung schafft die Voraussetzung zu all den Leistungen, die Sie genannt haben, ebenso zur Verwirklichung der elektronischen Post und einer Vielzahl anderer Dinge, die sich für viele Menschen heute noch wie Science-fiction anhören mögen.